做自己
想做的事

ZUO ZI JI XIANG ZUO DE SHI

求真 / 选编

民主与建设出版社
·北京·

©民主与建设出版社，2014

图书在版编目(CIP)数据

做自己想做的事 / 求真选编. — 北京：民主与建设出版社，2014.9

ISBN 978-7-5139-0425-4

Ⅰ.①做… Ⅱ.①求… Ⅲ.①成功心理–通俗读物 Ⅳ.①B848.4-49

中国版本图书馆CIP数据核字(2014)第191550号

做自己想做的事
ZUO ZI JI XIANG ZUO DE SHI

出 版 人	许久文
编　　者	求　真
责任编辑	程　旭
策　　划	学海伟业
装帧设计	李俏丹
出版发行	民主与建设出版社有限责任公司
电　　话	（010）59417747　59419778
社　　址	北京市海淀区西三环中路10号望海楼E座7层
邮　　编	100142
印　　刷	北京建泰印刷有限公司
版　　次	2014年11月第1版
印　　次	2023年4月第3次印刷
开　　本	880mm×1230mm　1/32
印　　张	9
字　　数	180千字
书　　号	ISBN 978-7-5139-0425-4
定　　价	36.00元

注：如有印、装质量问题，请与出版社联系。

目录

上帝就在身边

上帝就在身边	………………………	003
爱管闲事的家伙	………………………	010
坚韧的种子会发芽	………………………	013
老师的谎言	………………………	016
来自不同地方的存款	………………………	020
为自己村子建所小学	………………………	023
了不起的女人	………………………	027
亲人间的爱和相守	………………………	030
一切都会好起来	………………………	033
奇迹果然出现了	………………………	036
你的诚意感动了上帝	………………………	040
不可质疑的友谊	………………………	045

做自己想做的事

意志是一块钢铁	……………	051
具有感染力的品质	……………	055
这首歌，永远不会消失	……………	057
尊重自然生灵	……………	059
为孩子们的圣诞演讲	……………	062
故事的究竟	……………	066
一个真实的故事	……………	069
友谊高于一切	……………	073
向左向右，都能找到理由	……………	075
做到什么，就是什么样的人	……………	078
因为我正好遇上了	……………	084
做自己想做的事	……………	087
为自己而活	……………	090
"笔公"的忠直	……………	092

登山不是为了征服

用你宽容的心去看人	099
总统的微笑	101
年轻人，别走弯路	103
购物卡的陷阱	107
诚信比生命更重要	110
谢谢您的信任	112
德意志的智慧	116
登山不是为了征服	118
小纸团上的秘密	120
赢回的精彩时光	125
人人可以到天堂	129
永远铭记那个装裱工	134
它让我对粮食充满敬意	138

 目录

大爱总是无痕

大爱总是无痕	143
救别人等于救自己	146
你的善良可以救你	149
给母亲最好的礼物	152
有种职业叫"灯塔"	154
心灵深处的那根弦	156
让资助落到实处	160
只要努力，就不会白费	163
如果我是一名老师	166
帮助那些需要帮助的人	169
是你让我改变了主意	172
与人分享美丽	177
来吧，听我讲一个故事	179
您认为自己是傻子吗	181
没了手掌，我还有热血	184

生活中的真理

谁能料到的奇迹	189
柳树下的爱情	192
请理解爸爸的良苦用心	196
生活中的真理	199
一次特殊的聘任	202
23号同学	205
对不起,打扰您了	209
别指望别人感激你	211
文品即人品	215
"傻"一点何尝不好	218
做一个最满意的员工	221
父亲生前欠条	225
坐轮椅的快乐女孩	228
那个真实的"我"	230
加油,向日葵	234

爱心才是上帝

好的歌声能滋润心灵	……………	241
奇怪的要求	……………	243
凭爱心得到的礼物	……………	245
琴声的力量	……………	247
爱心才是上帝	……………	249
帮助比自己弱小的人	……………	251
很有意思的一件事	……………	253
快乐而温暖的圣诞节	……………	257
公交站牌下"妈妈"的故事	……………	259
良知和爱	……………	262
爱的种子	……………	265
聊天就能解决的问题	……………	268
奉献才能换来爱	……………	270
热心的志愿者	……………	273
请把这里当做自己的家	……………	277

01

上帝就在身边

上帝就在身边

第二次世界大战期间，马丁·沃尔作为战俘被关进了位于西伯利亚的一座战俘营里，从此离开了他的家乡乌克兰，离开了他的妻子安娜和儿子雅各布。在以后的几年里，他与家人天各一方，音信隔绝，以致连妻子在他被带走后不久又为他生了一个名叫索妮娅的女儿他都不知道。

几年之后，当马丁被释放出来的时候，他已经身心俱疲，憔悴不堪了，看上去俨然就是一个老态龙钟的老人。不仅如此，他的手上和脚上到处伤痕累累，那是严刑拷问留给他的惨痛印记。更让人不堪忍受的是，他知道自己再也没有生育能力了。不过，幸运的是，他好歹总算获得了自由。离开战俘营之后，他第一件事就是立即寻找妻子安娜和儿子雅各布。最后，他终于从红十字会打听到家人的消息，才知道他们都已经在前往西伯利亚的途中死去了。顿时，他伤痛欲绝，悲不自胜。但是，直到那时，他仍旧不知自己还有个未曾谋面的女儿。

战争初期，安娜带着雅各布很幸运地逃到了德国。在那里，她遇到了一对非常仁慈的农民夫妇，他们收留了她和孩子。于是，安娜就在那儿安顿下来，并为他们做些力所能及的农活和家务活。正在那时，她生下了她和马丁的女儿索妮娅。住在这个与她和马丁小时候生活过的乌克兰那和平宁静的乡下非常相像的地方，安娜想："我们的生命还会再受痛苦、苦难和分离的折磨吗？"她甚至相信，只要马丁能来到德国，他们就一定可以重新开创新的生活。但是，事情并不像她想的那么好。

几年之后，残酷的战争终于以德国的战败而结束了。安娜和孩子们高兴极了，他们以为马上就可以回家乡和马丁团聚了。但是，他们没想到的是，俄国的军队将他们集中起来，并将他们赶进了拥挤不堪的运送牲口的火车，还告诉他们将遣送他们回家。在那冰冷的像冰窖的火车上，食物和水都相当缺乏，他们经常没有东西吃，也没水喝。其实，安娜心里非常清楚，根本就不是送他们回家，而是送往西伯利亚的那个充满恐怖的死亡集中营。她的希望彻底破灭了，她感到绝望，终于，她病倒了。她的呼吸越来越困难，胸口疼得越来越厉害了。她感到自己的时日不多了，看着眼前两个孤苦无依的孩子，她一边又一遍地祈祷："上帝啊，求求你，请保佑我这两个无辜的孩子吧！"

"雅各布，"她有气无力地对儿子说，"我病得很厉害，可能马上就要死了，我会到天堂祈求上帝保佑你们的。你要答应我，千万不要离开小妹妹，上帝会保佑你们两个的。"

第二天一大早，安娜就死了。人们将她的尸体装在货车上拉走了，埋在一个乱坟岗上。而她的两个孩子则被赶下了火车，送进了附近的孤儿院。如今，在这世上，他们真的是孤苦伶仃、无依无靠了。

当马丁得知家人死亡的消息后，他便停止了祈祷，因为他觉得他每一次面临转机的时候，上帝都会令他大失所望。在那之后，马丁被分配到一个公社里做工。

在那儿，他像个机器人似的机械地工作着。虽然，他的健康与体力已经逐渐恢复，但是，他的心他的感情却已经像死了一般，不论什么事，对他来说都已经无关紧要了。

后来，有一天早上，他偶然遇见了和他在同一个公社工作的格蕾塔。如果不是她微笑着注视着马丁，马丁绝对不会认出眼前的这位姑娘竟然就是自己过去在家乡时的一位既充满了快乐、又聪明伶俐的同学。没想到在走过了这么多地方，经历了这么长时间，发生了这么多事之后，他们竟然能在此地重逢，这简直是太幸运了！

没过多久，他们就结婚了。马丁觉得生活又充满了阳光，生命又有了意义。但是，对于有些女人来说，她们总是希望能有个孩子可以疼可以爱，而格蕾塔就是这样一个女人。虽然她知道马丁已经没有生育能力了，但她仍旧渴望能有个孩子。

终于，有一天，她实在忍不住了，对马丁祈求说："马丁，孤儿院里有许多门诺派教徒的孩子，我们何不领养一个呢？""格蕾塔，你怎么会想到领养一个孩子呢？"马丁吃惊地答道，"难道你不知道那些孩子都发生过些什么事吗？"这时的马丁，他的心再也经受不起任何打击了——他已经将它完全封闭了。

但是，格蕾塔却始终没有放弃她的渴望，终于，她那强烈的爱战胜了马丁的冷漠与偏执。于是，在一天早上，马丁对格蕾塔说："你去吧，去领养一个孩子吧。"

为了领养一个孩子，格蕾塔做好了一切准备。终于，去孤儿院领养孩子的日子到来了，那天一大早，她就搭上火车赶往孤儿院。来到孤儿院，走在那长长的、黑黑的走廊上，看着那些站成一排的孩子，审视着，权衡着。他们仰起一张张沉默的小脸，乞求地望着她。她真想张开双臂把他们全都拥入怀中，并把他们全都带走。但是，她知道，她做不到。

就在这时，有一个小女孩羞怯地微笑着，向她走来。"哦，这就是上帝帮我作出的选择！"格蕾塔想。她单膝下跪，抬起一只手抚摸着小女孩的头，爱怜地问道："你愿意跟我走吗？去一个有爸爸、妈妈的真正的家？"

"哦，当然，我非常愿意，"她答道，"但是，您得等我一会儿，我去喊我哥哥来。我们要一块儿去才行，我不能离开他的。"格蕾塔非常难过，无奈地摇摇头说："但是，我只能带一个孩子走啊。我希望你能和我一块走。"

小女孩又一次使劲地摇了摇头，说："我一定要和哥哥在一起。以前，我们也有妈妈，她死的时候嘱咐哥哥要照顾我。她说，上帝会照顾我们两个的。"这时，格蕾塔发现她已经不再想寻找别的孩子了，因为眼前这个孩子深深吸引了她，打动了她。她要回去和马丁好好商量商量。

回到家，她向马丁乞求道："马丁，有件事我要与你商量。我必须带两个小孩一起回来，因为我选的那个小姑娘有一个哥哥，她不能离开他。我求求你答应我。""说实在的，格蕾塔，"马丁答道："有那么多孩子可以选择，你为什么要偏偏选这个小女孩呢？难道不能选别的孩子吗？或者干脆就一个也不要。我真的不知你怎么想的。"

听马丁这么一说，格蕾塔难过极了，并且不愿意再去孤儿院。看着格蕾塔伤心的样子，马丁的心里不禁又涌起了一股爱怜。于是，爱又一次获得了胜利。这次，他建议他们两人一块儿去孤儿院，他也想见见那个小女孩。也许他能说服她离开她的哥哥而一个人接受领养呢。这时，他又想起了自己的儿子雅各布，也许他也被送进了孤儿院。如果真是那样的话，他不也希望雅各布被格蕾塔这样的好人领养吗？

当格蕾塔和马丁走进孤儿院的时候，那个小女孩来到走廊里迎接他们，这一次，她的手紧紧地拉着一个小男孩的手。小男孩的身体非常瘦小，而且很虚弱，但是他那双疲惫的眼睛中却流露出柔和善良的目光。这时候，小女孩扑闪着明亮的大眼睛，轻声地对格蕾塔说:"您是来接我们的吗?"

可还没等格蕾塔搭腔,那个小男孩就抢先开口说道:"我答应过妈妈永远都不离开她的。妈妈临终的时候让我向她作保证,我答应了,所以,我很抱歉,她不能跟你们走。"

马丁默默地注视着眼前这两个可怜而又可爱的小孩子。片刻之后,他以一种坚决的口气果断地宣布道:"这两个孩子我们都要了。"他已经不可抗拒地被眼前这个瘦弱的小男孩吸引住了。

于是,格蕾塔就跟着兄妹俩去收拾他们的衣服,而马丁则到办公室去办理领养手续。当格蕾塔两手各拉着一个孩子来到办公室时,却发现马丁正不知所措地站在那里,只见他的脸苍白得像纸一样,双手也在剧烈地颤抖,根本就无法签署领养文件。

格蕾塔吓坏了,她以为马丁突然得了什么急症,连忙跑过去,惊叫道:"马丁,你怎么啦?"当然,马丁根本就不是得了什么急症。

"格蕾塔,你看看这些名字!"马丁一边说一边递给她一份文件。格蕾塔接过写有两个孩子名字的文件,读了起来:"雅各布·沃尔和索尼娅·沃尔,母亲系安娜·(巴特尔)·沃尔,父亲系马丁·沃尔。"不仅如此,除了索妮娅之外,他们三人的出生日期都与马丁记忆中的完全相符。

"哦,格蕾塔,他们两个都是我的孩子啊!一个是我以为早就已经死了的我深爱的儿子雅各布,一个是我从来都不曾知道的女儿！如果不是你那么恳切地求我领养他们，如果没有你那颗洋溢着仁爱的心，我可能就会错过这次奇迹了！"马丁激动得泪流满面，一边说着，一边蹲下身来，把两个孩子紧紧地搂在怀里，呜咽着说："哦，格蕾塔，上帝真的就在我们身边！"

爱管闲事的家伙

好不容易盼到了一个假期，杰克高兴极了，终于有机会到他梦寐以求的新泽西州去度假了。之所以选择新泽西州，不光因为那里拥有诸多旅游景点，还因为那里有自己非常要好的一位朋友。到了那里，除了能看到赏心悦目的风景，还能得到朋友贵宾级的服务。杰克一到那里，就被朋友接到了家里。

那是一个风景优雅的小区，小区内花团锦簇，绿树成荫，单单是看了一眼，就有种让人禁不住生出畅游一番的欲望。一个凉风习习的午后，杰克顺着一条架满葡萄藤的小径出发了。这的确是一处不可多得的好居所，绿化面积比住宅面积要大出近三倍，园内姹紫嫣红、蜂蝶嬉戏。杰克不知不觉来到了一片住宅区，这里所有的墙面都布满了爬山虎，美丽极了。杰克仰着头，只顾欣赏美景，突然从三楼一户人家的窗口抛出了一只鞋子，杰克躲闪不及，恰巧被砸中了脑袋，那是一只高跟鞋，杰克瞬间觉得眼冒金星、天旋地转。杰克正想发飙，却听到那个窗口传来一个女人微弱的痛苦呼喊，那声音分明是在求救。

杰克暗叫不妙，迅速找到了楼梯口，飞奔上了三楼，门被反锁着,杰克试了几下也没有撞开,就慌忙把耳朵附在门缝边听了听,里面没有任何声音。杰克的额头上不禁冒出了冷汗,难道是这家主人遭遇了什么不测?杰克再也不敢多想,连忙拨通了报警电话,向警察说明了自己听到的一切。警察表示,需要半个小时才能赶到现场。

半小时!恐怕警察来到已为时已晚。杰克想到这里,再次飞奔到那个窗口下面,然后抓住了一把爬山虎藤攀上了三楼。当他钻进窗口的时候,杰克不禁惊呆了:一个25岁左右的女人躺在了地板上,已经停止了呼吸。

曾经学过护理的杰克立即意识到,这个女人有可能是一名严重的心脏病患者,刚才恰巧发作,如果得不到及时抢救,一定会有生命危险。杰克连忙俯身对女人实施抢救,正在这时候,门开了,一个青年男子走了进来,然后飞身一脚把杰克踢倒在地,不分青红皂白,上去就对杰克一顿毒打。

杰克猜想,这名男子一定是女人的丈夫或情人,看到杰克正在对自己心爱的女人嘴对嘴趴在一起,一定以为他在施暴。杰克忍着剧痛向男人解释,被愤怒冲昏头脑的男人这时候哪里还听得进去,随手抓住了一只酒瓶砸向杰克,鲜血瞬间爬满了杰克的面庞。

杰克意识到,如果不迅速制止这名鲁莽男人,女人很可能会有生命危险。想到这里,杰克挣扎着爬了起来,发疯似的扑向了男人……约摸两分钟后,男人被杰克用床单绑在了床腿上,杰克继续对女人实施抢救。

"咣"的一声,门被再次撞开了,几个警察闯了进来。警察看到屋子里一片狼藉,一个男人被绑在了床腿上,"歹徒"正在对女主人施暴,不由分说,上来就是一警棍,杰克当场被砸昏在地。

杰克醒来的时候,已经躺在了医院的病床上,轻微脑震荡和折断的肋骨让杰克整整昏迷了三天。杰克睁开眼睛。"他醒了!谢天谢地!"寻声望去,杰克朦胧地看到身边坐着两个熟悉的身影,那个被杰克救起的女人和她的男人。这时候,两名警察也闻讯走了进来,几双手歉疚地握住了杰克的手,一个劲儿地说着"对不起"。

杰克出院那天,阳光很好,朋友从医院里把他接出来,满腹牢骚地埋怨杰克说:"你真是个爱管闲事的家伙,计划好的一场旅行,却在病床上度过。更可气的是你拼了命地去救那个女人,却被怀疑成丧心病狂的色鬼。那个女人的高跟鞋上到底涂抹了什么勾引人的迷药,值得你这样为她卖命?"

杰克听了朋友的埋怨,微笑着回答:"为什么不值得?上帝掉了一只鞋子,我帮她捡了起来,上帝非常感激我,带我到一个比新泽西州的风光更优美的地方梦游了三天,然后又把我送了回来,你不觉得这是一件听起来就令人心旷神怡的事情吗?"

坚韧的种子会发芽

她从没想过,一枚普通的回形针,竟然会让这些经历了战火纷飞、生死之痛的老兵们,深深地铭记十年。

20世纪曾经爆发过一场战争。

丽娜是一名普通的家庭主妇、两个孩子的母亲。她从报纸上看到,参战的士兵因思念亲人倍感孤单,决定以亲人的身份给他们写信。收信人是"每一位参战的士兵",落款一律是"最爱你们的人"。信的内容则是一首小诗、一个有趣的故事,或者是几句勉励的话语。

白天她工作繁忙,回家还要照顾孩子,但她坚持每天写完20封这样的信。寄到参战部队之后,部队军官认为这是消除士兵恐惧、提高士气的有效措施,很快将信分发给那些很少收到信件的士兵手里。

光是写信丽娜还觉得不够,她总想找一些新颖的方法,表达最真切的关爱。偶然,她看到书桌上散落着几枚五颜六色的回形针,便灵机一动,给每个信封装上一枚黄色回形针,附言道:"回形针代表我给你的一个拥抱。当你情绪低落的时候,摸一摸它，就会知道有人在关心你、惦记你、轻轻地拥抱你！黄色也代表胜利，我们在家乡期盼着你们凯旋！"

战争持续了40多天，丽娜一共寄走600多封装有黄色回形针的信笺。相比于600多亿美元的战争花费来说，丽娜的贡献实在微乎其微。日子一天天过去，转眼间，已经是战争结束十周年纪念日，丽娜早就淡忘了当初寄信的事情。

那天早晨，当丽娜打开自家的房门时，感到万分惊诧。

她家的门口笔直地站立着一排排穿戴整齐的男士，足有500余名，每人手里拿着一束鲜花，对着丽娜齐声喊着："我们爱你，丽娜女士！"

刹那间，丽娜被鲜花和笑容包围。

原来，在战争结束十周年之际，参战士兵联合会进行了"战争中我最难忘的事"评选活动，"回形针关爱"被老兵们列为首选。陈年旧事一一浮现脑海，感慨万千的老兵们商定，一定要找到寄信人。

从邮戳上看，所有"回形针"信件都是从一个邮局寄出。虽然时间过去很久，但邮局还在，一位老员工恰好对热情善良的丽娜很熟悉，给了他们丽娜的详细地址。

于是，在十周年纪念日当日，老兵们相约来到丽娜家，送给她鲜花和惊喜。很多没有收到"回形针"信笺的战友们，也主动要求一起前往，表达他们对一位仁爱女人的挚诚敬意。

在后来的叙谈中，一位老兵说："战争期间我曾想过自杀，是这枚回形针陪伴着我，让我从死亡和血腥里，看到了温暖和光明。我知道有人在想念我，爱护我，才有勇气继续战斗下去。"

另一位说："在我收到回形针信件后，我一直在思索是谁寄给我的。是我暗恋的女孩？还是邻居好心的阿姨？或者是最铁的中学朋友？后来，我想，不管寄信人是谁，他（她）都是我正在浴血奋战、全力保护的祖国人民。"

一个年纪30来岁的年轻人，从兜里掏出那枚仍未褪色的黄色回形针，感叹地说："我参军时还很小，幸好有它陪着我，好比给冰雪中行走的人燃了一盆火，让沙漠中跋涉的人有了一眼甘泉——这种陌生的深爱，即使在战争之后也温暖着我，让我对生活永远充满期望和热情……"

丽娜的眼睛湿润了很多次。

她从没想过，一枚普通的回形针，竟然会让这些经历了战火纷飞、生死之痛的老兵们，深深地铭记十年。是的，一个小小的善举，或许就是一粒坚韧的种子，它会生根发芽，抽叶开花，让这个世界芬芳四溢，美如天堂。

老师的谎言

霍克12岁那年,终于鼓起勇气坐进了教室。对于一个自小就被截去双腿的孩子来说,要坦然背起书包去学校读书并不是一件容易的事。上学第一天,霍克第一个来到教室,他故意选择了最后一排的座位,他不希望刚开学被同学们发现他失去了双腿。

20岁的班主任艾里丝小姐刚刚大学毕业,有着一双碧蓝色、猫眼石一样美丽的眼睛。因为报到前突然生了一场大病,直到学校开学前一天晚上,艾里丝才匆匆赶到。

艾里丝走进教室,环顾四周,这群天真健康的孩子,每个人脸上都挂着红扑扑的迷人笑容。艾里丝微笑着走上讲台跟学生问好:"同学们好!起立!"孩子们齐刷刷地站了起来,但是坐在最后的霍克却纹丝不动。艾里丝又喊了一声"起立",霍克依然纹丝不动。艾里丝朝霍克喊:"嗨!最后一排的小伙子,你怎么不站起来呢?"

所有孩子的目光都望向了霍克,他的脸红了。他试着让自己看起来比刚才高一些,然后轻声说:"老师,我站着呢。"由于座位下面是封闭的,所以除了他旁边的两个同学,没有人能发现霍克是"站"着的。霍克努力克制住自己的眼泪，他身旁的两位同学试图跟艾里丝小姐解释，但她却挥挥手大喊一声："坐下！"让她更为气恼的是，霍克依然还保持着刚才的姿势。

"为什么现在还是同样的姿势呢？"艾里丝边说边走到霍克身边，直到这时，她才发现霍克已经泪流满面。原来他是一个高位截瘫的孩子！那一瞬间，艾里丝不知所措，为自己的粗心而懊悔，她轻声地跟霍克说"对不起"，他伤心地趴在座位上痛哭起来，这一声"对不起"对霍克来说已是那么的微不足道。

下课铃一响，霍克就推起轮椅往厕所走。他冷漠地回绝了几个企图帮助他的同学，看着霍克摇着轮椅在走廊里倔强而骄傲的背影，艾里丝更加内疚了。

第二节课开始后，霍克还没有出现，厕所里也没有他的身影。艾里丝不知道自己是怎么上完那节课的，她的全部心思都在那个截瘫的男孩身上。

在深深伤害霍克后，要赢得他的原谅还真是一件头疼的事。下班后，艾里丝走出办公室，去商场买了许多可爱的画册和玩具，然后驱车前往霍克的家。不出她的意料，霍克躲在房间里，委婉地谢绝了这些礼物。艾里丝跟霍克的父母真诚地道歉，离开之前隔着霍克的房门说："亲爱的霍克，请原谅艾里丝老师。同学们都希望你早点回到教室。"

艾里丝第二次来霍克家时，为他心爱的猫咪买了许多可爱的食物。霍克的妈妈告诉她：霍克一向孤僻内向，最好的朋友是一只浑身雪白、有着一双碧蓝色大眼睛的小猫。尽管霍克依然不愿意跟她说话，但他收下了老师给小猫的礼物。那是一只异常可爱的猫，它有着一双水汪汪的美丽大眼睛。

走在回家的路上，艾里丝突然冒出一个大胆的想法。她找到当地有名的化妆师，要他把自己的眼睛化妆得跟猫眼睛一样，让她的眼睛看起来是镶嵌着的两只猫眼睛。

开始，化妆师觉得艾里丝的想法不可思议，但听了霍克的事情后，他爽朗地说："放心吧，看我的。"三个小时后，艾里丝看到镜子中的自己，有着一双和猫神似的大眼睛。

接着，艾里丝跟霍克的父母打了个电话。开明的父母同意了艾里丝的建议，他们谎称小猫需要做流行病检查，然后让霍克抱着小猫咪去了市立宠物医院。

霍克是个懂礼貌的孩子，看艾里丝老师在医院迎面走过时，他轻轻说了声："老师好！"艾里丝趁机从他手中抱过猫咪放在自己肩头。霍克抬头看她，也是第一次如此近距离地接触艾里丝老师。天哪，老师的眼睛怎么跟自己猫咪的眼睛那么相像啊？霍克一下子惊呆了。

"亲爱的，你看到什么了吗？"艾里丝问他。霍克低下头假装很不在意地回答："没什么，只是觉得您的眼睛怎么跟猫的眼睛一样呢？"艾里丝顿了顿说："老师的眼睛其实就是一双猫咪的眼睛。"

她拉过霍克的手,继续说:"老师要跟你分享一个小秘密。"

那的确是一个让霍克惊讶的秘密:艾里丝在一次车祸中失去了双眼,15岁的时候,去巴黎最好的眼科医院做了义眼植入手术。也就是说,她那双看起来楚楚动人的眼睛,其实是一双猫的眼睛。因为这双猫眼睛,艾里丝曾被人喊成"猫精",为此还长时间地忍受假体排异反应的折磨。

霍克流下了同情的眼泪,他举起小手替老师轻轻擦干眼泪:"老师,您看起来还是一样漂亮。"他甚至还有些惭愧地说:"老师,与您的遭遇比起来,我失去双腿根本算不了什么。眼睛是心灵的窗户,我虽然不能走路,但还能看见很多美好的事物啊!"艾里丝搂住善良的孩子,轻轻在他耳边说:"霍克,对不起!"霍克不好意思地说:"没关系!"

第二天一大早,霍克早早摇着轮椅来到了教室。从此,霍克开始乐观豁达地面对生活,和有着一双猫眼睛的艾里丝老师成了无话不谈的好朋友。他的整个小学时代,也因为这一双美丽的猫眼睛而过得异常充实和幸福。

随着霍克慢慢长大,他懂得了许多知识,也渐渐明白了猫眼睛的"谎言"。迷恋上医学的他已经知道,再美的猫眼睛被移植到人的眼睛中,也不会展现出它们当初生动夺目的魅力。但这又有什么关系呢?因为艾里丝小姐的那双美丽的"猫眼",早就为他的整个人生指明了无比豁达坦然的方向……

来自不同地方的存款

索非亚的丈夫开了一家作坊,生意刚刚走上正轨,第二次世界大战就爆发了。战火殃及丹麦,眼看哥本哈根就要沦陷。

这天,索非亚收拾好东西,等着丈夫回来,一起逃命。可直到晚上十点,仍不见丈夫的身影,她万分焦急。

突然,门"砰砰砰"响起来。索非亚急忙开门,外面站着一个陌生人。

陌生人塞给她一样东西,说:"夫人,我很难过,您先生遇难了,这是他的遗物。"索非亚悲痛万分。陌生人告诉她,她丈夫是为掩护工人撤离牺牲的。德国人快要攻城了,她得快走。索非亚拿了东西,抱着儿子,加入了逃亡大军。

五年后,丹麦解放,索非亚带着孩子重返哥本哈根。昔日繁华的城市到处是断壁残垣,母子俩无依无靠,生活异常艰辛。

一天,她对着丈夫的遗像发呆,忽然想起了他留下的东西。那是一只小铁盒,她当时随手放在了箱子中,这几年,东奔西走,她从没打开过。

索非亚找来铁盒,打开,里面放着一张纸条:"瑞士银行,

115号保险柜。"纸条下面还有一把钥匙。索非亚很奇怪,第二天就带着孩子去了瑞士。

来到银行,索非亚说明来意。经理有些犹豫,他不相信眼前这位穿着邋遢的女人会是当事人的遗孀。直到索非亚拿出一张她和丈夫的合影,经理才同意打开保险柜。

保险柜里有一封信,还有一本存折。丈夫说,第二次世界大战爆发,他瞒着她参加了护国自卫队。他怕自己有闪失,就派人在瑞士银行开了户存了钱,以供他们母子俩日后生活所需……

索非亚泣不成声。经理帮她查询了一下余额,问:"夫人,一百万法郎,是否全部取出?"

"一百万?"索非亚以为自己听错了,经理又重复了一遍:"不多不少,正好一百万。"

索非亚还是不相信。经理打出了账单,上面的的确确是一百万法郎。见索非亚一脸茫然,经理说:"当初您丈夫开户时存了十万法郎,五年来,陆陆续续又存了不少,本金加利息,正好一百万了。"

"陆陆续续存钱?"索非亚十分吃惊,"可我丈夫早在五年前就过世了啊!"

经理也很好奇,他找来所有的存款记录,丹麦、瑞士……存款人竟来自不同的地方,总数达三十五人之多!

索非亚辗转找到了那些存款人,原来他们都是丈夫先前的犹太籍工人。那天，纳粹要攻进哥本哈根了，丈夫为了掩护工人撤退不幸中弹身亡。工人们感恩于心，战事好转后，曾来找过他们母子俩，可是没找到，无意中，他们想起了遗物中的那本存折，就开始自发地往里面存钱，五年来从未间断……

为自己村子
建所小学

是朋友,才敢放心把钱借给他,想不到,那钱却迟迟不见还。借条有两张,一张五千,一张两千,已经在他这儿存放了两三年。

而他失业已近一年,看到妻子女儿跟着他受苦,心里很不是滋味。他想现在应该向他开口了,七千块钱虽然不多,但应该可以让自己、让自己的家,渡过难关。

和朋友是在上中学的时候认识的,他们有着共同的爱好和理想,慢慢地变得形影不离。后来他们又考上同一所大学,读同一个专业,这份友谊就愈加深厚。毕业后他们一起来到这个陌生的小城打拼,两个人受尽了苦,却都生活得不太理想。

可是那次朋友找到了他,向他借钱。当朋友说出五千这个数字时,他简直不敢相信自己的耳朵。他对朋友说,虽然这两年来,我只攒下了五千块钱,但我仍然可以全部借给你,不过,你得告诉我你借这五千块钱做什么。朋友说,有急用。他问,有什么急用?朋友说,你别问行吗?最终,他还是把钱借给了朋友。他想既然朋友不想说,肯定有他的道理,那么不追问,对朋友也是一种尊重。朋友郑重地为他打了一张借条，借条上写着：一年后还钱。

可是一年过去，朋友却没能把这五千块钱还上。朋友常常去找他聊天，告诉他自己的钱有些紧，暂时不能够还钱，请他谅解。他说不急不急。

可突然有一天，朋友再次提出跟他借钱，仍然是五千块，仍然许诺一年以后还钱。于是他有些不高兴，再次问朋友借钱做什么，朋友仍然没有告诉他，他说暂时还不能——你压力大，所以只能我向你借钱。他当然听不懂朋友这句逻辑不通的话。听不懂，却仍然借给了朋友两千块钱，然后收好朋友打的借条。

往后的两个月里，朋友再也没来找过他。他有些纳闷儿，去找朋友，却不见了他的踪影。朋友的同事告诉他，朋友暂时辞了工作，回了老家。他想朋友这是什么意思呢？这是不是说明，朋友想顺便赖掉这七千块钱？但是他马上感觉到自己对朋友的这种猜测实在有些恶毒。

他等了两年，也没有等来他的朋友。现在他有些急了，之所以急，更多的是因为他的窘迫与贫穷。他想就算他的朋友永远不想再回这个城市，可是难道他不能给自己写一封信吗？不写信给他，就是躲着他；躲着他，就是为了躲掉那七千块钱。这样想着，他不免有些伤心。难道十几年建立起来的这份友谊，在朋友看来，还不如这七千块钱？

好在他有朋友老家的地址。他揣着朋友为他打下的两张借条，坐了将近一天的汽车，去了朋友从小生活的村子。他找到朋友的家，那是三间破败的草房。那天他只见到了朋友的父母。他没有对朋友的父母提钱的事，他只是向他们打听朋友的消息。

他走了。朋友的父亲说。

走了？他竟没有听明白。

从房顶上滑下来……村里的小学，下雨天房子漏雨，他爬上房顶盖油毡，脚下一滑……

他为什么要冒雨爬上房顶？

他心里急。他从小就急，办什么事都急，比如要帮村里盖学校……

您是说他要帮村里盖学校？

是的，已经盖起来了。听他自己说，他借了别人很多钱，可是那些钱仍然不够。这样，有一间房子上的瓦片，只好用拆旧房拆下来的碎瓦。他也知道那些瓦片不行，可是他说很快就能筹到钱，换掉那些瓦片。为这个学校，他悄悄地准备了很多年。他走得急，没有留下遗言。我不知道他到底欠了谁的钱，到底欠下多少钱。他向你借过钱吗？

他的眼泪，终于流下来。他想起朋友曾经对他说过："你压力大，所以只能我向你借钱。"现在他终于理解这句话的意思了。朋友分两次借走他七千块钱，原来只是想为自己的村子建一所小学；之所以不肯告诉他，只是不想让他替自己着急。

你是他什么人？朋友父亲问。

我是他的朋友，借过他几千块钱，一直没有还。我回去就想办法把钱凑齐然后寄过来，您买些好的瓦片，替他把那个房子上的旧瓦片换了。

了不起的女人

"快,前面又发现了一名幸存者!"

刚把水杯递到干裂的嘴边,忽然有人大叫了一声。生命就是命令,她立即放下水杯,拖着疲惫不堪的身体,和队友们一块迅速地赶了过去。

"是个小女孩,大概四五岁。"冲在前面的队友矫健地匍匐在地,边往里面看边说:"她的左腿被倒塌的石块压住了,动弹不得。"

外边的人都焦急地竖起了耳朵,里面隐隐传来小女孩悲伤的哭泣声。

队长仔细地观察起周围的形势来。末了,无奈地摇摇头:"周围阻挡的水泥横梁和石块太厚重,人力根本搬不动,必须等待大型救灾机械部队来增援。"

"可是救灾机械装备要等到明天才能运过来,"一个队友说,"我们刚刚接到通知,下午的余震中道路又发生了局部塌方,现在正在抢修中,机械装备最早也要等到明天早晨。"

"但我担心孩子支撑不了那么久啊!"匍匐在地的队友说,

"她那么小，又被困了那么久，不吃不喝的，情况非常危险。"

"让我来！"忽然，人群的后面有人喊。人们这才注意到她，她哽咽地说："她是我女儿，让我来吧。"

大家都自觉地给她让出了一条路，匍匐在地的队友也退了出来。她缓缓地跪了下去，艰难地往狭小的废墟缝中钻。"孩子，我是妈妈！"

"妈妈——"听到她的声音，小女孩哭得更凄惨了。

"孩子，妈妈在这儿，别怕！"她温柔地说，"来，把手伸给我。"

一支脏兮兮的小手从水泥缝中伸了出来，她一把握住，紧紧地。"孩子，别哭，妈妈在这儿，妈妈就在你身边。妈妈相信你是最坚强的，你再忍耐一下，我们马上就把你救出来。"

果然，小女孩停止了哭泣，喃喃地说："妈妈，你不要离开我，我不哭……可我就是怕，我旁边有好多死人……妈妈，你能给我唱歌听吗？"

"好，妈妈给你唱。"她用力地咬咬嘴唇，抑制住快要溢出的泪水，唱了起来："小白兔乖乖，把门开开，快点开开，我要进来。不开不开就不开，妈妈没回来，谁叫也不开……"

一个小时过去了，两个小时过去了，她就一直跪在碎石遍布的废墟上，上半身倾进废墟中，没有换一个姿势，不停地唱歌。

天渐渐黑了，还飘起了小雨，她仍然跪在那里，一首一首地唱歌。慢慢地，里面的孩子也饶有兴致地跟着她一起哼了起来。期间，有队友过来叫她吃饭，她摇摇头："女儿都没吃，我吃不下。"期间，也有队友给她送来雨衣，她挥挥手："女儿都淋着雨，我怕什么。"期间，还有队友过来想代替她继续守候，她同样拒绝了："女儿需要妈妈，我要给她唱歌，这样她才不会害怕，不会睡着。女儿一睡着，就再也不会醒了……"

寂静的夜空中，一直回荡着她那婉约动听的歌声：月亮，在白莲花般的云朵里，穿行，晚风吹来一阵阵，快乐的歌声。我们坐在高高的谷堆旁边，听妈妈讲，那过去的事情。我们坐在高高的谷堆旁边，听妈妈讲，那过去的事情……

终于，第二天一早，救灾机械赶到了现场。两个小时后，小女孩成功地获得了营救。看着小女孩微弱的呼吸，医生不可思议地感叹道："一个孩子在不吃不喝的情况下，竟坚持了近一百个小时，这真是一个奇迹！真不知道，有什么强大的力量在支撑着她！"此时，距发现小女孩已经过去了十五个小时，而她，因为长时间跪在地上唱歌，劳累过度，在看见小女孩被抬上救护车的那一刹那，昏了过去。

在场的群众都被她的执著和坚持感动了，钦佩地说："她真是个了不起的女人！小女孩很幸福，她有一个全世界最伟大的妈妈。"

"不，你们错了。"队长回过头，泪眼婆娑地说："她不是小女孩的妈妈，她的女儿在地震那天就遇难了。到今天为止，这已是她营救出的第八个女儿。"

亲人间的爱和相守

当总统竞选鏖战正酣时,一个男人突然转身,离开已呈白热化的竞选舞台,去夏威夷探望他那病危的外祖母。他深情地说,此时,外祖母比总统竞选更重要,宁愿留下总统竞选的遗憾,也不能留下亲情的遗憾。

这个英气勃勃的男人,就是美国历史上第一位黑人当选总统奥巴马。照片上,年轻的奥巴马和外祖母坐在林荫下的长椅上,他那如夏威夷阳光般灿烂的笑容,让人想起他在外祖母怀抱里度过的幸福岁月。

奥巴马的外祖母叫邓纳姆。奥巴马的父母在他一岁的时候离异,他和外祖母一起过着相濡以沫的生活,外祖母丝丝入扣的爱,浸透了奥巴马童年的生活,也哺育了一个黑人少年的成长。在外孙的眼中,她是一个家庭的基石,也是一个国家传统精神的化身。

邓纳姆经历了上世纪经济的大萧条和第二次世界大战,由一个没有大学文凭的女人,一步一步奋斗成为一家银行的副总裁。外祖母的坚韧与博爱,深深地影响了这个黑人少年的心灵,也塑造了他阳光开朗的性格,激发了他蓬勃向上的精神。

在外祖母怀抱里成长的奥巴马,一路过关斩将,成了美国历史上首位黑人总统。当初开始竞选时,他便蹲下身去征询85岁的外祖母的意见,外祖母坚定的表态,支持外孙去竞选总统。外祖母一字一句地说:"只要去努力,没有什么办不到的事。我相信我的外孙会成为美国的总统。"

外祖母简短有力的话,成为奥巴马在总统追逐之路上的火种,在猛烈的风雨里,也没有熄灭。奥巴马在竞选宣言中说,当上总统以后,就是要为外祖母这样"沉默的英雄"和普通国民造福。

就在奥巴马竞选总统期间,邓纳姆正饱受癌症折磨。为了能在电视上看到外孙的面容,在和癌症相斗时,她还特意做了白内障手术,一直盯着电视屏幕上的外孙,在心里默默地护佑着他。

在外祖母病危时,心急火燎的奥巴马奔赴夏威夷,蹲在床榻前守护着已不能言语的外祖母。在家中,他抛开竞选喧嚣的声浪,静静守候了外祖母两天。他凝望着祖母,希望自己内心的火种能够点燃她生命的微火,让外祖母能够等到他当选总统的那一天。

就在总统大选投票日的前夕,86岁的邓纳姆在夏威夷的家中,她似乎已经提前听到了外孙胜利当选的消息,在午夜时分安详地离开了人世。在外祖母临终前,她的委托人已经为奥巴马投下了一票。当奥巴马在竞选活动上宣布外祖母的死讯时，一个男人的泪水，滑过了脸庞。人们看到了他的黑眼睛里满是泪光，那一瞬间，他不是雄狮般的总统竞选人，只是一个在慈爱外祖母护佑下的外孙。

奥巴马与外祖母之间的这种舐犊情深，不但感动了无数选民，也感动了与他决一雌雄的对手麦凯恩，麦凯恩和妻子向奥巴马真切地表达了慰问之情。

当这个世界的眼睛，发现一个男人为了探望外祖母转身离去的背影，看见一个男人满眼泪光的时候，会感到，亲人间的爱和相守，最柔软，也最强大。

一切都会好起来

一天傍晚,他在双车道的乡村公路上驱车回家。在这座中西部的小镇上,工作节奏慢得就像他这辆破旧的庞蒂亚克汽车。工厂倒闭后,他就失业了,偏又赶上严冬肆虐,寒气逼人,但是他从来没有放弃希望。一路上人迹稀少。他的大部分朋友都已经离开这里了,他们要养家糊口,要实现梦想。而他留了下来,毕竟这里是他父母的安息之地,他就出生在这里,熟悉这里的一切。

他闭着眼都能沿这条路驶下去,还能轻而易举地说出路两旁的情况,甚至连车灯都不用开。天渐渐黑了下来,小雪纷纷落下,着急赶路的他差点就与站在路边的一位老妇人擦肩而过。尽管天色昏暗,他仍能看出这位老妇人需要帮助,便倒车来到她的奔驰车前,并下了车。

尽管他面带微笑,但是老妇人仍心存疑虑。已将近一个小时了,没有一个人停下来帮忙。他会伤害她吗?他看上去面带饥色,并不可靠。他看出她的紧张,也能理解她的感受,只有恐惧钻进内心才会感到这种寒意。他说:"夫人,我是来帮你的。车里暖和,你为什么不进去等呢。对了,我的名字叫乔。"

还好，她遇到的麻烦只是车胎爆了，但对于一个老妇人来说，已经够糟糕了。乔爬到车下，找到支起千斤顶的地方，并很快换好了轮胎。他身上弄脏了，手指关节处也擦破了皮。老妇人摇下车窗，告诉他说自己来自圣路易斯，刚好路过这里，对乔的帮助感激不尽。乔微笑着关上了她的后备箱。

她问应该付给他多少钱，多大数目她都愿意接受。她想象得出，如果不是乔停了下来，她可能会遇到各种麻烦。乔从来没有想过要钱，换车胎并不是他的工作，他只是在帮助身陷困境的人，过去也有许多人帮助过他。这是他一贯的做人原则。他告诉老妇人，她如果真想报答，下一次看到需要帮助的人时，就伸出援助之手。他一直等到老妇人发动汽车走远后才离开。尽管度过了寒冷、阴沉的一天，但他在回家的路上却很开心。

行驶了数英里后，老妇人看见一家小餐馆，就想进去吃点东西，以便在踏上回家的最后一段路程之前赶走身上的寒气。小饭店看上去脏兮兮的，门外摆着两个破旧的煤气罐，店里的收银机就像失业演员家里的电话——没有声响。

女服务员走过来，递上一条干净的毛巾，让老妇人擦干湿漉漉的头发。服务员面带甜甜的微笑，虽然站了一整天，那笑容也没有从脸上消失。老妇人注意到女服务员已经有了将近8个月的身孕，却没有因为身体的疲劳而改变对顾客的态度。老妇人寻思着：一个财富如此有限的人竟然能够为陌生人付出这么多。这让她想到了乔。

吃完饭后,老妇人递给女服务员100美元,并趁服务员找钱的机会,径直出了饭店。服务员回来的时候,老妇人已经走了。她不知道老妇人去了哪儿,却发现餐巾纸上写着字。看完老妇人写的字条,她眼中噙满泪水,上面写着:"你并不欠我什么,我也有过相似的经历。别人帮了我,就像现在我帮你一样。如果你确实想报答我,就这样做:别让爱的链条在你这里结束。"

尽管还要擦拭桌子、招待顾客,但女服务员认真完成了自己一天的工作。下班回到家里,爬上床的时候,她还在想着老妇人留下来的钱和所写的话。老妇人怎么可能知道,她和她的丈夫是多么需要钱用?下个月宝宝就要出生了,日子会很艰难,她深知丈夫同样地焦虑。身旁的丈夫睡得正熟,她轻轻地吻了吻他,温柔地小声说:"一切都会好起来的,我爱你——乔。"

奇迹果然出现了

我和丈夫住在伊利诺斯州的一个小镇上。那年,海蒂姑姑突然到来,和我们一起过夏天。那时候小镇的情况特别糟,因为已经连续干旱三年了,许多家庭都已经搬到别处去了。小镇的资源越来越贫乏,居民们也情绪低落、脾气暴躁,经常为一些小事吵得天翻地覆,一些人甚至不再上教堂了。"小镇期待奇迹。"牧师垂头丧气地说。

海蒂姑姑就是在这样一种情况下从佛罗里达州来到我们这里的。她戴着一顶天蓝色的无边女帽。"这颜色与我的白头发正相配。"她说。事实上,那顶帽子与她那闪闪发亮的蓝眼睛更相配。海蒂姑姑对谁都笑容可掬,从来不说一句不友好的话。因此,没过多久,小镇上的所有居民就都称她为"海蒂姑姑"了。

当我们带她去教堂的时候,她很震惊。因为管风琴静静地立在那儿,没有人演奏,而由留声机为大家播放赞美诗。"梅布尔·肖说她的关节炎发作了,不能演奏了。"我解释道。"她甚至连来都不来了。"我妻子补充道。"啊,我喜欢演奏管风琴,"海蒂姑姑说,"如果可以的话,我愿意为大家演奏。"

人们兴奋极了，但只有一小会儿——海蒂姑姑演奏得糟极了，调都不知道跑哪儿去了，比没人演奏还要糟不知多少倍。

海蒂姑姑为我们演奏了两个星期之后，牧师亲自去找梅布尔了。他告诉她，大家需要她，大家恳求她再回来演奏管风琴。"好吧，"梅布尔说，"如果你们真希望我回去的话，那我就回去吧。"星期天，梅布尔又在教堂演奏管风琴了。海蒂姑姑似乎一点儿也不失望，事实上，当大家陶醉在梅布尔的音乐声中时，海蒂姑姑的蓝眼睛也熠熠生辉。

又一个星期天，教堂里没有出板报。牧师向大家道歉，原来，负责抄写的琼斯夫人说她没有时间再做这件事了。琼斯夫人虽然这么说，但大家都知道真正的原因是教堂没有钱支付给她。"如果有人愿意捐出一两个小时来抄写的话，"牧师说，"我们会非常感激的。"

海蒂姑姑站了起来，"我愿意做这件事。"她说。"太好了！"牧师高兴地叫道。但当时后排就有人叫道："哦，不！"

后来的事实证明，可怜的海蒂姑姑的抄写能力和她的演奏能力一样差。她抄写的板报错字连篇，简直让人没法读。后来，牧师悄悄地告诉我们有许多人去找了琼斯夫人，恳求她继续担任抄写的任务，而琼斯夫人最后也终于同意了。

其后，海蒂姑姑又自告奋勇地接受了管理人的工作，因为教堂没有钱请一名全职打扫教堂卫生的管理人。人们都认为这一次不会有问题了，因为谁不会扫地和擦桌子呢？但我们的海蒂姑姑就不会。她扫地的时候东一扫帚西一扫帚，灰尘漫天飞舞；她给地板打的蜡，厚得让人随时都有摔倒的危险。没过多久，路易丝·威尔森和玛格丽特·布朗就自愿代替了她。听到这个消息，我们全都惊呆了，众所周知，这两位女士不讲话已经一年了。

那年夏天，海蒂姑姑想施予援手的所有事情都让人无法评价。你不能说她哪件事是做得成功的，但你也不能说她失败了。她让人们又回到各自的岗位上，让不去教堂的人又继续去教堂了。"我们都开始喜欢你的海蒂姑姑了。"一位夫人对我说。这虽然不容易，但人人都承认他们之所以喜欢海蒂姑姑，是因为她愿意在别人需要的时候施予援手，并且哪里需要她就愿意到哪里去。当然，如果她做每件事都能够胜任的话，事情就更完美了。但不管怎样，她是一个能让人受到鼓舞的人。

在海蒂姑姑最后一次和我们去教堂的那个星期天早上，她说："我要给大家一个惊喜。"教堂里坐满了人，有每周都来的，还有许多新朋友。海蒂姑姑走到讲坛前面，面对听众。"你们的教堂真美丽，"她说，"这里的人也都很善良，我会记住你们每个人的。现在，我想为大家演奏一曲《在花园里》。我很喜欢这首曲子，因为它让我们大家离得更近。"

我从来不知道大家会这么专注，但我害怕有人叫海蒂姑姑离开管风琴，因为她的演奏水平实在不敢恭维。但大家都沉默不语，静静地等待着。我不禁想起，这种在最近这些艰苦的岁月里已经很鲜见的忍耐力又回到我们这块土地上和我们这些人的心灵中了。我们全都安静地坐着，好像刚刚下了一场大雨，解除了我们的干旱之危似的。

海蒂姑姑走到管风琴前坐下来。她抬起头，微笑地看着我们。我没有听到一个紧张的变了调的音符。优美的旋律飘荡在我们上空，就像天使在唱歌。熟悉的音乐让我陶醉，我从来没有听到过有人将这首曲子演奏得如此优美。海蒂姑姑怎么又会演奏管风琴了？她以前难道是装出来的吗？她故意弄糟所有的事情，就是为了让大家重新团结起来吗？关于这一点，海蒂姑姑从来没有说过。

当她演奏完的时候，人们都鼓起掌来。牧师走到讲坛上，"我们曾经期望出现奇迹，"他说，"现在，奇迹果然出现了。海蒂姑姑就是我们的奇迹。"

你的诚意感动了上帝

皮特和爱丽丝热恋两年,却始终没有得到爱丽丝的父亲老约翰的认可。老约翰这个老头既顽固又古怪,此前已经吓跑了爱丽丝的两个男友,皮特担心自己也会被棒打鸳鸯。

这天,爱丽丝告诉皮特,父亲要见他。皮特非常激动,认真打扮一番,又买了精致的礼物,随爱丽丝去了老约翰的公司。

"看得出来你很爱我的女儿爱丽丝。"老约翰说。

皮特把手捂在胸口:"是的,我以生命发誓!"

老约翰淡淡地笑了笑,摆摆手让他坐下,点上一支雪茄。他说:"很遗憾,我不会轻信一个人的誓言。爱丽丝是我唯一的女儿,我要为她的一生负责。"

皮特鼓起勇气说:"约翰先生,我愿接受一切考验,哪怕付出生命!"

老约翰悠悠地吐了口烟雾,点头道:"那好吧,年轻人,请你替我去一趟芝加哥,我在那里的一家银行存了一个保险箱,你只需把它取回来。"说着,把一张写着地址的纸条和一份存单交给了他。

皮特心中暗喜，他已经明白了这个古怪老头的用意，那个神秘的保险箱，他会完好无损地带回来。老约翰斟了两杯酒，递给皮特一杯，说："祝你好运！"然后"叮当"地一碰，两人一饮而尽。

皮特登上了去芝加哥的夜班火车。整列火车大约只有几十名旅客，且大多是妇女和儿童。晚上11点钟左右，天下起了大雪。当列车离开一个名叫韦尔登的小村后，就进入了空旷寂寥的大草原，狂风呼啸，这里没有树木，没有山丘，鹅毛大雪在风中翻卷，像是要把大地吞噬。雪越积越深，车速开始减慢，大风在轨道上堆积起一个个大雪堆。皮特有一种可怕的预感，列车会不会被大雪困住？如果困在这荒凉的大草原上，那后果将不堪设想！

凌晨两点，预感变成现实，列车再也动弹不得，大家都成了雪堆里的囚徒！列车员发出了"全体旅客动手自救"的指令。皮特走下车，步入了白茫茫的黑夜。铺天盖地的大雪仍借着风势肆虐着。大家心里都明白，必须争分夺秒，要不就会有灭顶之灾。铲子、木板、手……凡是能清除积雪的东西都用上了。轨道上的雪减少一厘米，眨眼间却又高出两厘米。一个小时后，大家都绝望了，积雪不仅没有被清除，反而形成了更大的雪堆，沿着铁轨一直绵延。皮特从未体会过眼前的恐怖：这趟为爱情远行的列车变成了不折不扣的死亡列车！

人们木然地回到车厢，死死地关上了车门。所有人都在发抖，眼里笼罩着死亡的阴影。列车员送来了有限的食物，大家没滋没味地吃着，为抵御死亡储备能量。

漫漫长夜过去了，而暴风雪却没有停歇的意思，积雪已掩埋了半个车身，由于气候恶劣，无法实施救援。当又一个夜晚来临时，更可怕的事情发生了，车上已经颗粒无存。如果没有奇迹出现，大家只有等死了。

所有人空着肚子挨过3天后，都十分虚弱。妇女们无力地搂着自己的孩子，那些可怜的孩子连哭泣的力气都没有了。暴风雪仍在继续。皮特裹紧衣服，蜷缩在坐椅上，心中充满悲凉，他想，也许再也见不到美丽的爱丽丝了。这时，一个老人说话了："难友们，情况已经很严重了，看来乞求老天帮忙是不现实的了，我们必须想办法，让孩子们活下来。"

大家都把目光转向他，渴望这个老人给出生的希望。老人表情悲壮地颤抖着说："我们当中必须有人站出来，牺牲自己，把自己的肉体变成大家的食物。这很残忍，但我们没有别的办法。"

皮特的心狂跳一下，接着便跌入了无底的深渊。

老人接着说："请单身的朋友报上自己的名字吧。"

在短暂的沉寂之后，有人虚弱地报上了自己的名字。皮特心里激烈地斗争着，他不想放弃活下去的可能，他还要和爱丽丝厮守一生。但是，当他想到自己年少时乞讨街头，在濒临死亡时被好心人收养……他咬咬牙，报上了自己的名字。

包括皮特在内,单身的只有3个人,都是年轻人,另两个是女性。老人在他们身上打量了一番,最后目光停在了皮特身上。

老人从口袋中摸出一枝手枪,慢慢地装上子弹,拉开保险,皮特绝望地闭上了眼睛。但是,老人并没把枪交给皮特,而是庄严地对大家说:"我无法看着这么年轻的青年结束自己的生命,朋友们,请照顾好我的孙子。"

皮特惊讶地睁开眼睛,老人已经把枪口对准了自己的太阳穴。这时,老人怀中的孩子忽然哭了起来,尽管哭声很虚弱,却撕心裂肺。皮特无法控制自己,用尽力量奔了过去,一把夺过手枪,说:"爱丽丝,我们来生相见吧!"

就在皮特触到扳机的瞬间,奇迹发生了:一束明亮的阳光穿过车窗,暴风雪停了!老人喜极而泣:"孩子,你的诚意感动了上帝!"

救援的飞机赶到了,投下了足够的食物。第二天中午,积雪已经消融,列车继续前行。

皮特顺利地取回了保险箱。回到圣路易时,他仿佛走进了天堂。

然而,当皮特睁开眼睛时,却发现自己躺在一个封闭的房间内,头上戴着一个奇怪的铁盔。他的旁边,站着老约翰和爱丽丝。皮特恍惚地问:"我怎么会在这里?"

老约翰为他取下头盔,温和地笑着说:"祝贺你,年轻人,你完成了一次伟大的旅行！"

原来，皮特并没有真正去芝加哥。老约翰在他的酒杯里放了适度的催眠药，然后把他送进了实验室，在他的梦幻里开始了这次特殊的旅行。

皮特明白了真相，仍不解地问："这是为什么？"

老约翰郑重地说："年轻人，我不仅要为女儿挑选一个优秀的女婿，还要为我的事业找一个合格的接班人。你知道，我的事业一半是赚取商业利润，一半是做无私的公益事业。在你之前，另两个青年都没有完成这次死亡旅行。孩子，请你原谅我的苦心，现在你可以拥抱爱丽丝了。"

爱丽丝激动地扑进了皮特的怀抱。但是，皮特却轻轻地推开了她，表情沉重地说："对不起，爱丽丝，我不配和你在一起。经过了这次旅行，我明白了活着的全部意义。我必须向你坦白，尽管我是真心爱你的，但在我和你交往的最初，曾经想利用你来继承约翰先生的事业。我很惭愧，爱丽丝，祝你幸福！"说着，皮特低着头向外走去。

爱丽丝和老约翰都愣住了。在皮特即将走出房门时，老约翰叫住了他："等等，我的孩子。我很欣赏你的勇气，在这辆死亡列车上，你获得了重生，你配得上我的爱丽丝！"

皮特回过头，泪水簌簌落下。片刻后，他和爱丽丝紧紧地拥抱在一起。

不可质疑的友谊

一个是电脑公司的总裁米先生,一个是该公司大厦的看门人老波比,他们两个提出要交换心脏,并且因为医生拒绝手术而向法院提出申请,要求法院颁令强制医生执行。在法庭上,老波比充满感情地讲述了一个身份悬殊的友情故事——

故事发生于五年前,那时他是一个流浪汉。在一个星期三的晚上,米先生经过他身边,给了他五块钱。以后每个星期三,米先生都会在这个时间里给他五块钱,但他们没有交流。

后来,在一个下雪天,米先生见到他,没有再给钱,却带他去喝了一顿热汤。那是他们第一次交谈,说起足球,说起往事,原来他们在高中时曾参加过同一场球赛。

从那一天起他们真正成了朋友。米先生介绍波比进了自己的公司做门卫,并没有刻意照顾,不过是让他做力所能及的工作,薪水微薄聊以糊口。唯一与其他员工不同的是,每个星期三,他们仍会相聚,共进一顿午餐。整整五年,周周如此。直到一个月前米先生因为心脏病而失约,波比才知道他的老朋友有一颗岌岌可危的心脏,随时都会停止跳动,即使给予最好的医药治疗,也最多维持两三年。于是，他提出来要与朋友交换心脏。

他向法庭陈述了自己的理由："他有家庭，有妻子，两个孩子，还有整个公司上千人在等他开工吃饭；而我，一个流浪汉，平生一无所成，无家无业，无儿无女。他的价值远大于我，如果我能有什么可以给他，与他交换，我很乐意。我会因为终于有机会做一件重要的事情而觉得不枉此生，这会是我在人世间创造的最大价值。"

律师问："如果你是总裁而他是门卫，你还会愿意跟他交换心脏吗？"

"不，如果我是总裁，未必会带他在寒天喝热汤，"老波比说，"五年中，他曾经给予我很多，而我唯一能给予他的就是，友谊，与我健康的心脏。"

然而没有人相信这友谊是真实的，这恰恰是因为他们的身份太不对等了，人生的价值也太悬殊。律师因此认为有理由质疑米先生在这场交往中的获益——除了那心脏。倘若不是为了换心，那么他最初与一个流浪汉的循序渐进的友谊到底意义何在？

米先生回答："在我的周围，人人视我为老板，我说的笑话不好听他们也会笑，我的领带沾了芥末他们会说别致，时时事事对我言听计从，但是没有人肯与我推心置腹，当我是朋友。只有他，波比，他从不奉承我，固执己见，稍不如意就对我暴跳如雷，但他却真正当我是朋友，平等、自由的朋友。当他向我提出换心的要求的时候，我答应了。这并不是因为我是总裁而他是门卫，我的考虑仅仅是因为我有儿女，不想让他们失去父亲。这里面没有金钱交易。如果你们质疑这友谊，认为我在安排波比进公司时就在计划换心，那么不是侮辱了我，而是侮辱了我的朋友波比。"

双方的陈词感动了法庭上所有的人。然而法官最终还是宣布他们败诉——基于众生平等的无上原则，没有一条法律可以强制要求以一个生命的结束换取另一个生命的延续。

老波比十分沮丧，然而米先生却淡然地说："我早知道是这样的结局。我知道法庭根本不可能颁布这样的强制令，我也根本不会接受你换心的要求。可是我知道，如果不让你上庭，你无论如何都不会甘心的。"

波比惊愕地反问："你答应上庭只是为了让我说出那些慷慨激昂的话，让我当一回英雄？"

米先生答："不，是你令我成为英雄。这样，我以后就可以无比骄傲地告诉儿女，不要以我的成功和职衔炫耀，而应该引以为自豪的是：你们的父亲，曾经拥有一个像老波比这样的朋友。人人都说为友谊应该两肋插刀，然而只有他真正做到，他竟然愿意，把自己的心脏给我。"

02

做自己想做的事

意志
是一块钢铁

一次采访中,著名军旅摄影家吴苏琳给我讲述了一个真实的故事。故事并不曲折,讲述者也极为平静,然而就像如镜的深水下最有力的涌动一样,我在故事戛然而止的一刻,甚至难以寻找到最恰当的文字作为出口,来表达我内心深处的震撼……

他的降生,令父亲很失望。家里已经有了6个哥哥,一心盼个女儿的父亲,最终未能如愿。父亲是个读书人,尊崇孔孟之道,崇尚"仁义礼智信"。在父亲的言传身教下,他和6个哥哥一样,书都读得很好,直到1986年。

那一年,他17岁。瞒着父亲,他报名参了军。等父亲得到消息时,他已经登上了远赴戎机的列车。在他的人生中,违背父亲意愿的"不孝之举",仅此一回。

他成了一名侦察兵。当时,全军抽调各军区的侦察部队南下轮战。他随部队来到了神秘的南疆战区。他们的任务是敌前捕俘:以一个小分队的兵力秘密潜出,在敌人的眼皮底下活捉一名俘虏,再押着俘虏翻越30里山路,回到我方阵地。

他被战友们推选为第一捕俘手。行动时,由他负责将目标制服,并且必须悄无声息。小分队能不能活着回去,就看他的了。虽然很年轻,他却是个不错的捕俘手。不论对手多么强壮,他一个背后锁喉,就能将目标瞬间制服,并且让对方连喊一声的机会都没有。凭借胳膊上力道的控制,他可以恰到好处地控制是毙敌于死命,还是留个活口。

那次的捕俘地点,是在一处呈倒U字形、状如大口袋的山坳里。前方和左右两翼的山上,都有敌方火力点。从山上俯瞰,山坳一览无余。捕俘分队要钻到山坳里活捉俘虏,稍有闪失,三面山上的敌火力点即刻就能封锁山坳出口,一个人也别想出来。

山坳内有一条小路,时有敌方官兵经过。捕俘的目标,就是单独经过这条小路的敌人。小路地势较周围高,路两旁的土坡之下,是茂密的原始丛林。捕俘分队就潜伏在路边的丛林中。

刚潜伏下来,他就发现了一个致命的问题:地形对捕俘手极为不利。小路比他潜伏的位置高出一米。他站起身,只够得到目标的腿部,根本锁不到目标的喉咙。

他的大脑在飞快地运转。

先跃上土坡再动手?不行!那样太慢,敌人有充足的时间扣动扳机。一旦枪响,就全完了。

用微声冲锋枪将敌击毙?也不行!任务是捉俘虏,要活的。敌人的警惕性很高,尽管是在己方防区内,但敌不少官兵还是习惯将食指搭在扳机上,即使被击毙后,手指仍可能压动扳机,这样还是会暴露目标。再者，小路没有林木遮蔽，会被制高点上的敌人发现。必须用最快的速度把目标拖下小路，一切都要在丛林的掩蔽下进行。

怎么办？他心急如焚！

这时，一名敌兵沿着小路，向捕俘分队的埋伏圈走来。潜伏在不远处的分队长用目光示意他：动手！

箭在弦上，不得不发。

就在敌兵经过他面前的一刹那，他做出了一个惊人之举。他张开双臂，猛地抱住敌兵的小腿。他想先把敌兵拽下小路，再一招制敌。抱腿摔敌是他当时的唯一选择，但这一招，也将他自己的后背完全暴露给敌兵。

那敌兵也非等闲之辈，挥手抽出一把匕首，朝他后心刺去。一刀下去，匕首尖儿从他的前胸扎了出来。

出乎敌兵意料，中了刀的中国侦察兵没有松手，而是猛地将其拽下了小路，两个人一起翻滚到浓密的丛林之中。敌兵不知道，这一拽，他拼尽了全身之力。

会些功夫的敌兵还在顽抗，几名侦察兵合力居然按他不住。必须尽快将敌制服。一名老兵挥动五六冲锋枪，一枪托砸在敌兵脸上，俘虏顿时老实了。这时，战友们才发现，他身中匕首，歪倒在地，刀口处血还在涌出，双臂却仍如铁钳一般箍住俘虏的双腿。

擒敌，他震撼了敌兵。接下来的回撤，他震撼了战友。

敌人会很快察觉中国侦察部队的行动，因此捕俘分队必须撤得足够快。撤退中，小分队还要分出两三名战士控制俘虏。为了不成为战友们的累赘，他咬牙自己跑。这一跑，就是30多里。

回到我军阵地，战友们惊呆了。军医打死也不相信，一个被钢刀贯穿的人，居然在山岳丛林中跋涉了30多里。医学已经无法解释这一切，战友的解释是：他的意志是一块钢铁。

几个月后，他康复了，被授予"一等功臣"，并破格提干。他收起了军功章，仿佛自言自语道："我为国尽了忠，该回家尽孝了。"言罢，毅然拒绝了提干，解甲归田。消息传开，举团皆惊。

这就是他——我至今不知姓名的侦察兵留给人们的三次震撼。

具有感染力
的品质

"去吧,孩子,我把你交给上帝了。"阿伯德·卡德的母亲给了他四十枚金币,又让他发誓任何时候都不能撒谎。"孩子,在接受上帝的审判之前,我们可能没有机会见面了。"

这个年轻人外出赚钱去了。几天之后,他遇到了强盗。

"你身上有钱吗?"一个强盗问他。

"有四十块金币缝在我的外套里面。"阿伯德·卡德老老实实地回答。

强盗们哈哈大笑,没有人相信他的话,因为他过于诚实了。一个强盗恶狠狠地问:"你身上到底有多少钱?"

诚实的年轻人把刚才的话重复了一遍,还是没有人相信他。

"过来,年轻人,"强盗首领说,"告诉我,你身上到底有没有钱?"

"我已经说过了,我的外套里缝着四十块金币。"

"把他的外套掀起来。"强盗首领命令道。

那些金币马上就被搜了出来。

"你干吗不打自招呢?"强盗首领问他。

"因为我不能背叛我的母亲,我向她发过誓——永远不能撒谎。"

强盗们听到这话,都心头一震。强盗首领对他说:"年轻人,你小小年纪,却如此守信用,我们这些胡子拉碴的家伙,却在违背小时候对上帝许下的诺言。来,把你的手伸过来,我要握着你的手重新发誓!"他照他说的做了,其他强盗也被深深地打动了。

于是,强盗们像他们的首领那样,一个接一个地对上帝重新发了誓,而站在他们面前的是一个年轻人。

高尚的品质也许不会像《天方夜谭》中的奇迹那么惊人,但仍然具有感染力。剑桥大学的乔伊斯·巴特勒教授认为:当一个人的所有性格特征和承诺一样庄严神圣时,就会发现,他的一生拥有比他的职位和成就更伟大的东西,比获得的财富更重要,比天才更伟大,比美名更持久。

这首歌，
永远不会消失

1920年10月，一个漆黑的夜晚，在英国斯特兰腊尔西岸的布里斯托尔湾的洋面上，发生了一起船只相撞事件。一艘名叫"洛瓦号"的小汽船跟一艘比它大十多倍的航班船相撞后沉没了，104名搭乘者中有11名乘务员和14名旅客下落不明。

艾利森国际保险公司的督察官弗朗哥·马金纳从下沉的船身中被抛了出来，他在黑色的波浪中挣扎着。救生船这会儿为什么还不来？他觉得自己已经气息奄奄了。

渐渐地，附近的呼救声、哭喊声低了下来，似乎所有的生命全被浪头吞没，死一般的沉寂在周围扩散开来。就在这令人毛骨悚然的寂静中，突然，传来了一阵优美的歌声。那是一个女人的声音，歌曲丝毫没有走调，而且也不带一点儿哆嗦。那歌唱者简直像面对着客厅里众多的来宾在进行表演一样。

马金纳静下心来倾听着，一会儿就听得入了神。

教堂里的赞美诗从没有这么高雅；大声乐家的独唱也从没有这般优美。寒冷、疲劳刹那间不知飞向了何处，他的心境完全复苏了。

他循着歌声，朝那个方向游去。

靠近一看，那儿浮着一根很大的圆木头，可能是汽船下沉的时候漂出来的。几个女人正抱住它，唱歌的人就在其中，她是个很年轻的姑娘。大浪劈头盖脸地打下来，她却仍然镇定自若地唱着。在等待救生船到来的时候，为了让其他妇女不丧失力气，为了使她们不致因寒冷和失神而放开那根圆木头，她用自己的歌声给她们增添着精神和力量。

就像马金纳借助姑娘的歌声游靠过去一样，一艘小艇也以那优美的歌声为导航，终于穿过黑暗驶了过来。于是，马金纳、那唱歌的姑娘和其余的妇女都被救了上来。

第二天，这件事以《马金纳遇难记》为题，在报纸上登载了。遗憾的是，不知道那位姑娘的名字。不过，即使不知道名字，这位姑娘唱得优美的歌曲不是至今还在我们耳畔阵阵回响吗？音乐会上演唱的歌曲，多半当场就消失了，而这首歌，永远也不会消失。

尊重自然生灵

2007年12月10日,克里斯蒂娜从她的丈夫——卸任阿根廷总统基什内尔手中接过象征总统权力的权杖,成为阿根廷历史上首位民选女总统。夫妇双双问鼎总统宝座,成为现代历史上首例。当谈起政治生涯中记忆最深刻的一件事时,他们没有说那些波澜壮阔的经历,却不约而同地说起了鞋子。

三十多年的婚姻里,基什内尔连孩子的学校门开在哪个方向都不知道。出于对妻子的歉意,他不断地给妻子买各种样式新颖的鞋子。1998年,为了犒劳妻子养儿育女的辛苦,基什内尔一次送给妻子六双高级高跟鞋。

没想到这一举动给他们的政治生涯抹上了阴影。基什内尔送给妻子的鞋子,是从布宜诺斯艾利斯一个专门为高级官员及其夫人定做鞋子的鞋匠那里买来的,但没多久这个鞋匠就被逮捕了,理由是,他涉嫌猎杀稀有动物并贩卖它们的皮毛。警方追查他将稀有动物的皮毛卖给了谁,由此一些高级官员浮出水面,时任圣克鲁斯省长的基什内尔也被曝光。

有一天,国家濒危动物管理局的官员找到了克里斯蒂娜,要求对她的鞋子进行鉴定。鉴定结果是，她有两双鞋分别由蜥蜴皮和鳄鱼皮做成，还有两双由海龟皮和鸵鸟皮做成。这四种都是重点保护动物，所以，她必须接受调查和罚款。

最终调查结果表明，基什内尔夫妇是在不知道鞋子是由处理过的稀有动物皮做成的情况下购买的，可以不追究他们的法律责任。但是基什内尔出手如此阔绰为夫人买鞋，还是引起了相关部门的警惕。党内对他进行了长达两个月的廉政调查。克里斯蒂娜全力替丈夫挽回形象，在交纳了双倍的罚款后，向媒体说出了多年来鞋子在他们感情生活中的重要意义。这一解释最终让圣克鲁斯的百姓原谅了他们。

事情过后，克里斯蒂娜保存了这四双鞋子，借以提醒自己和丈夫：个人喜好不能建立在对公众的伤害和对环境的破坏上。

2004年，克里斯蒂娜陪同基什内尔出访阿拉伯国家，获赠当地最珍贵的直角大羚羊毛皮做的一件上衣。当她得知世界上仅存不到两百头直角大羚羊时，立即拒绝了这件礼物，她说："一只死去的高贵大羚羊，它的皮毛应该制作成标本，来提醒人们更加善待自然，而不是用来温暖一个女人的身体！"这一回答，推进了当地对大羚羊的救治和保护。

皮鞋事件影响深远，它时刻提醒着这对夫妻，在以后的从政路上，始终关注弱势群体，尊重自然生灵。基什内尔执政期间，阿根廷人民感觉到了极大的安全感，社会稳定、经济发达，他深受选民爱戴。而克里斯蒂娜也在国内享有崇高的威望，选民翘首以盼她引领着阿根廷人民，为创造更加美好的明天而努力奋斗。

不起眼的鞋子深入了两位总统的内心，让他们敬畏自然、尊重生命、以民为本，树立了他们事关民众利益皆无小事的执政理念。他们自然也博得了民众的信任，成为人民尊重的领袖。

为孩子们的圣诞演讲

1857年，维多利亚女王正准备册封一人为爵士。不过，这个名叫迈克尔·法拉第的人拒绝受封，没给女王仿效先人的机会。

1706年，安妮女王曾册封牛顿为爵士，历史上最伟大的科学家欣然接受的东西，在法拉第这里却一文不值。

同年，英国皇家学会会员选法拉第为会长，这也遭到法拉第本人的谢绝。

"我父亲是个铁匠，兄弟是手艺人。曾几何时，为了读书，我当了书店的学徒。我叫迈克尔·法拉第，将来我的墓碑上，只需刻下这个名字。"法拉第告诉妻子莎拉。66岁的法拉第并非已将名利看透，而是名利根本就不是他的追求。

他的心里只有科学。为此，铁匠的这个儿子，没少遭受苦难和屈辱。

铁匠前后有10个子女，家境困顿。短短上了两年学后，法拉第不得不中断学业，去做装订学徒。利用装订书报的机会，他接触了多方面的知识。年轻人越来越相信科学家在某些方面比其他人要纯洁和高尚，他想做一名科学家。

只是，这条路对一个21岁的学徒来说，似乎太过遥远。

一切因为一位好心顾客赠送的门票而改变。1812年，法拉第拿着获赠的贝克林讲座最后4次演讲的门票，赶到英国皇家学会，聆听了英国著名化学家汉弗里·戴维的讲座。他把讲座内容做了详细记录，并精心为其加入彩色插图，一本386页的笔记很快成形。在装订好之后，它被送给学会会长。

法拉第最终没能等来会长的答复，只好把笔记寄给皇家研究所的戴维本人。因感染伤寒正在疗养的戴维，看到笔记颇为感动。一番等待之后，次年，法拉第拿着比学徒还低的薪水，成为研究所的实验助手。

戴维夫妇周游欧洲时，法拉第以化学家助手和秘书的身份随行。但在戴维太太眼里，法拉第不过是一个年轻的仆人，赶路时他需要坐在马车外，吃饭时则需要和佣人一起。

这次感觉不舒服的旅行结束后，法拉第利用自己的实验天分，协助戴维发明了矿工安全灯。有人称这灯和滑铁卢战役为"1815年英国的两大胜利"，但在法庭上宣誓作证时，法拉第毫不客气地指出灯还有一些缺点。这令戴维颇为不满。

研究改进后，这种后来挽救了无数矿工性命的灯，被称为"戴维灯"，很少有人意识到，在灯光背后，也曾有法拉第奉献出的光和热。

1821年，新婚的法拉第给人类带来了第一台电动机，并为此发表了论文。不过，他很快就后悔了，他意识到在论文中没有提及戴维和威廉·沃拉斯顿。后者也做过类似的实验，只是他失败了。

被助手忽视，戴维有些难以容忍。3年后，法拉第在被提名选举为皇家学会会员时，只有一人投票反对。反对的正是会长戴维，提名的却是当年同样被法拉第疏忽的沃拉斯顿。

不过，在戴维去世之前，有人问他这一生最大的成就是什么时，这位发现了15种元素的"无机化学之父"说："我一生最大的发现，是发现了法拉第。"

当选会员后，法拉第依旧像往常一样，埋头在实验室里。在那里，液态氯、苯等化学物质先后被发现，发电机、变压器等陆续被发明，而电化学的两大基本定律、电学和磁学的相关理论也一一确立。

除了皇家研究所主席的邀请，他通常回避其他交际活动。而每周日，他总会去教堂。在那里，他与妻子相识相爱。1860年，法拉第再次拒绝担任皇家学会会长，在这个学徒出身的铁匠儿子眼里，"上帝把骄矜赐予谁，那就是上帝要谁死。"可转身去了教堂，那些崇尚"简单、和平与谦卑"的教友，第二次选他当教会长老时，他立即接受了。

据说有一次，听完演讲的维多利亚女王和皇室成员，在热烈的掌声中等待法拉第返场致谢，却一直不见人影。原来演讲人早已从后门溜走，赶去为一位弥留之际的老太太诵经，陪她走完人生的最后一段路程。在教堂,与法拉第相伴的,多是出身与他一样卑微的人,他时常向他们伸出援手。

也正是在1860年,法拉第已多年饱受思维暂时混乱和记忆力衰退之苦,他坚持做了人生的最后一次圣诞演讲。这个由法拉第发起的"为孩子们的圣诞演讲",一直延续到今天。

而他担任时间最长的职位,是港务局科学顾问,负责维护水路安全和检查灯塔。从1836年被提名,他一直做到1865年,这也是他最后辞去的一个职位。他一生的信件,有10%与这个职位有关。

"当我读到您在科学上的发现,我深感遗憾,我过去的岁月浪费在太无聊的事情上了。"在一封来自圣赫勒拿岛的信里,犯人拿破仑写道。

几十年后,法拉第也曾有机会做"无聊"的事情。1853年,英俄克里米亚战争爆发。英国政府询问法拉第可否制造用于战场的毒气,科学家回答,技术上可以,但本人绝不参与。

尽管一再被拒,皇室和政府仍旧在威斯敏斯特教堂牛顿墓旁,给法拉第预留了墓地。这次,法拉第还是拒绝了。

1867年8月25日,已经失去记忆的法拉第在椅子上安然离世。在他的葬礼上,妻子莎拉宣读了他的遗言:"我的一生,是用科学来侍奉我的上帝。"而他的墓碑上,只写着他的出生年月和名字。

故事的究竟

譬如说，你要竞选总统，而你拥有一项一定会击败对方的情报，但是，如果你公开情报的话，可能会危害到国家的安全。

你是要把情报说出来而赢得选举，还是要三缄其口而落败？

至少我们所知道的一个候选人，曾经面临这样的情境。

1944年，汤姆·杜威参与竞选总统，对手是弗兰克林·狄兰诺·罗斯福。如果他——杜威，希望击败有人气的现任总统，他就需要极力争取一切的助力。

那年夏天，他获得了助力——不利于对手的情报。这个情报使得杜威很震惊，很难以相信，因为他获知美国情报局已经解开日本的密码——早在1941年的时候。这表示美国事先知道日本要偷袭珍珠港，但是，罗斯福总统却没有设法阻止此事。

他的第一个反应是：必须把事情的究竟告诉人民，说弗兰克林·罗斯福，为了刺激我们对于战争的欲望，竟然允许日本人炸毁夏威夷群岛上的基地。

然后，参谋总长乔治·马歇尔不知怎么发现了杜威知道了这个有关密码的情报。

9月26日，汤姆·杜威进行竞选活动，在俄克拉何马州的吐斯拉一家旅馆做短暂的停留。他还没有亮出他的王牌。

有人敲门。杜威应门。来人自我介绍是卡特·克拉克上校，陆军情报员，他奉乔治·马歇尔的指示，送来一份机密的信件。

杜威打开参谋总长封着的信，上面写着："如果现今涉及珍珠港事件的政治辩论，使大众怀疑到我们拥有重要的情报来源，你知道会有完全悲剧性的后果产生。太平洋的一切军事行动，在观念和时间上，都和我们截获密码而暗中获得的情报有密切关联。"马歇尔请求汤姆·杜威为了国家的安全而保守秘密。是的，1944年时美国还处在战争状态中。

但是，杜威当时只会想到罗斯福在这个秘密之中所扮演的角色。于是杜威在马歇尔的使者面前脱口而出："他知道珍珠港事件之前的情况！他不应该竞选连任，反而应该受到弹劾！"

就这样，汤姆·杜威面对也许是他一生最痛苦的抉择。是揭露这个不利的情报，毁了罗斯福，赢得选举，帮助日本人呢，还是保持沉默，输了选举，保持美国防守力量的状态呢？

你知道，汤姆·杜威在1944年落败了。

他不仅在选战中三缄其口，并且"不曾"透露他知道美国破解了日本密码一事。

在汤姆·杜威去世超过十年后的1981年，一宗秘密文件公布了，这则文件揭露了汤姆·杜威不曾知道的事情。原来在1941年所破解的日本密码是"外交密码",不是军事密码。在日本突袭珍珠港之后,美国情报局才知道如何窃听日本的军事计划。

根据这份最近公布的文件,罗斯福并没有事先知道珍珠港事件的消息。事实上,连日本的首相以及国防部长事前也都不知道!

汤姆·杜威临死时,也许在怀疑自己是否做对了事情。

当然他做对了。因为,现在你知道故事的究竟了。

一个真实的故事

林子宇是个书画拍卖师,同时还是造诣很深、精通鉴赏书画的名家。拍卖书画作品时,林子宇不仅能对作品本身客观点评,还穿插介绍和作品有关的知识、轶闻及掌故等。凡经过林子宇拍卖出的字画,买家高兴,卖家满意。为此,很多拍卖行都争相请林子宇去拍卖字画。

在一场为期三天的拍卖会上,林子宇受邀拍卖字画。第一天上午,拍卖到第5件作品时,林子宇发现作品临时更换了,由一幅书法作品换成了一幅山水画。

这是一幅《暮色鹿归》图,画的是暮色笼罩的森林边缘,一只母鹿带领着两只小鹿往森林走。该画布局合理,用笔轻快明了,墨色浓淡相宜,意境温馨恬淡。尤其是对母鹿回头凝望两只小鹿时,母性流露的神态刻画得入木三分。

按一般程序,林子宇会先介绍该画的概况,然后进行点评,接着报出起拍价。但这次林子宇不知怎么,只寥寥介绍了几句,然后就报了起拍价,既没有点评,中间也没穿插什么趣事,一会儿就落槌成交了。这幅作品拍卖完后,林子宇借故走出了拍卖厅。过了一会儿,拍卖行有人过来解释说他身体不舒服,余下的作品由另一个拍卖师接着拍卖。

第二天的拍卖会上,林子宇就昨天的事向大家道了歉。他说,看了那幅《暮色鹿归》图后心情非常复杂,怕一时控制不住情绪,才中途退场。也许是为弥补昨天的失常,今天林子宇把现场的气氛搞得很活跃。在拍卖最后幅书法作品前,林子宇卖了个关子,他讲了一个故事:

一天晚上,环城高速公路上发生了一起车祸,一辆小轿车把一个妇女撞伤后逃走了。当这个妇女被人发现送到医院时,已经气绝身亡。

就在这天晚上,医院在清理妇女遗物时,发现她贴身衣兜里有封信,这封信竟然是写给肇事司机的。信上说她是故意寻死的,司机没有任何责任,她唯一的请求是让司机在撞了她后迅速把她送往医院,让医生在她临死前把她的两个肾取下来,以挽救她两个儿子的生命。

妇女的双胞胎儿子都得了尿毒症,彻底治好必须进行肾移植。结果一配对,她丈夫的肾与儿子的不匹配,她的肾虽然可以移植,但医生说只能移植一个。可两个儿子她哪个都不想放弃,无奈之下她想到了以自己的死来挽救两个儿子的生命。但最后令妇女没想到的是,肇事司机竟然逃走了!

讲完这个故事,林子宇说:"这是一个真实的故事,在座的一定有很多人看过这则新闻报道。我讲这个故事是为了让大家更好地理解这幅作品。"说完他挂出那幅书法作品,并说征求了拍卖行的意见,把作品的起拍价由5万元提高到10万元。

林子宇的这个举动引起了台下竞买者的不满。有人站起来问:"不就是幅孟郊的《游子吟》吗?虽说是当代名家手笔,但按现在的行情来看,这幅字的起拍价也不可能这么高。"林子宇笑着点了点头说:"你说得有道理。不过,促使我提高这幅作品起拍价的是昨天那幅画,画中母鹿回首凝望时,眼中流露的母爱震撼了我。而刚才我讲的那个故事,说明母爱是最伟大、最无私的,以母爱为主题的作品理应更受尊重。只有心里饱含对母爱的真切感悟,作品才能更传神,更具艺术价值,在这一点上,这幅《游子吟》与那幅《暮色鹿归》图有异曲同工之妙。"

林子宇的话音刚落,台下响起了热烈的掌声,最后那幅作品以18万元的价格成交。这个结果林子宇显然没意料到,他激动地说:"明天是这次拍卖会的最后一天,经拍卖行同意,我个人有几幅字要出手,到时候还望大家捧场。"

第三天,拍卖快结束时,林子宇拿出他带来的四幅字,一一挂好。台下的竞买者一看,四幅字竟然全是《游子吟》,唯一不同的是四幅分别以楷、行、隶、草等字体书写。大家都很纳闷,不知道林子宇葫芦里究竟卖的什么药。

林子宇稳了稳情绪,环视全场,然后坚定地说:"我虽然不是名家,但这几幅字是我用灵魂写的,四幅字起拍价100万!"他的话一出口,就引起一片哗然,有竞买者站起来说:"林先生,你是不是在开国际玩笑?你的字虽然不错,但目前还只是叫好不叫价,四幅字充其量也就十来万,你以为用母爱作幌子,别人就会买账?"

一时间,台下的竞买者议论纷纷,林子宇只好敲了一下拍卖槌,让大家安静下来。他说:"你们可以指责我字写得不好,但不能亵渎我对别人表达母爱的崇敬以及我自己对母爱的表达。这四幅字虽然不值那么多钱,但我还有附加条件,今后的10年,我每年再提供10幅作品。这个条件不低了吧。"这的确是个诱人的条件,很快就有人举牌。把这四幅字拍卖出去后,林子宇长嘘了一口气:"谢天谢地,总算把我的灵魂拍卖出去了。"

见众竞买者都不解,林子宇苦笑了一下,说:"你们仔细看一下我这四幅字,虽然写的是歌颂母亲的诗,但字里行间却透露出我的自责、愧疚、悔恨。我就是昨天那个故事中的肇事司机。我之所以要拍卖这四幅字,正是为了筹集给那个妇女的两个儿子做手术的钱。"

说完,林子宇头也不回地出了拍卖大厅,朝公安局方向走去。

友谊高于一切

1939年,纳粹党开始屠杀犹太人。犹太人斯坦夫决定躲到自己的地下室避难,他请好朋友——日耳曼血统的施科加帮忙掩护。斯坦夫把自己的财产全转到施科加的名下,暂时由他接管。他们签订了一个秘密合约。合约规定财产赠送只是暂时的,一旦战争结束斯坦夫将立即收回。作为回报,施科加将得到10万美金。合约还规定:如果斯坦夫非正常死亡,所有财产将充公。

不久纳粹开始大规模屠杀犹太人,斯坦夫成了地下人。施科加按时给他送三餐并买来收音机、报纸给他解闷儿。

一晃几年过去了。长期的地下生活使得斯坦夫脸色苍白,身体虚弱,更郁闷的是收音机坏了,施科加的身体也一天天衰弱了。斯坦夫知道,包庇犹太人一经查出将被枪毙!施科加为保护自己冒的风险太大了。

又不知过了多久,外面越来越平静了。一天晚上,快要饿死的斯坦夫忍无可忍地爬出了地下室,朋友已十多天没送吃的东西了。

厨房里什么也没有,斯坦夫愤怒了。忽然身后"轰"的一声,书房起火了!书房的地下室里藏着秘密合约啊!他疯狂地灭火,许多消防警察也赶来了,可大火烧毁了一切,包括合约。

斯坦夫还没来得及悲伤,一个念头一闪,奇怪,他们怎么对犹太人无动于衷呢?

斯坦夫喃喃地问:"元……元首还好吧?"警察们露出一副奇怪的样子:"希特勒?他死了。战争早就结束了。"

斯坦夫愣了:完了,被施科加骗了。难怪他不肯修收音机和送报纸,原来是怕我知道时局,好让我呆在地下室直到死去,最后独吞我的财产啊。一定要找他算账!

这时,一个匆忙赶来的人走上前问:"我是律师,您是斯坦夫先生吧?"斯坦夫点点头。

"是这样的,施科加先生半个月前死于严重的营养不良,临死前他把这些文件交给了我,嘱咐我一定亲手交给您。"斯坦夫接过一翻,全部财产安然无恙。

律师又递给他一张纸,说:"这是他的临终绝笔。"

斯坦夫泪眼蒙眬地读:"亲爱的朋友,你交给我的担子真是太重了,我真的承受不了啦。可我必须撑住,言而有信是我的座右铭,所幸不辱使命!合约的精髓高于一切,当然,友谊更是高于一切……"

向左向右，
都能找到理由

风雪弥漫着北回归线，索尔仁尼琴要离开自己的祖国。这位秉持博爱情怀和人道主义精神的诺贝尔文学奖获奖作家，本可以在国内享受大师待遇。然而，漫天的冰雪冰封不了苏醒的良知，索尔仁尼琴给朋友写了封长长的信，抨击时政。从此，关押、流放伴随着他的后半生。

1974年，索尔仁尼琴在妻子的陪伴下流亡西方。56岁的索尔仁尼琴刀刻般的脸上，没有忧郁和悲伤，流露的只是悲悯和深邃。

从互联网上，我看到了索尔仁尼琴离开祖国后的照片。眼镜后面，索尔仁尼琴目光灼灼，有力的手，坚定地握住一个小小的笔记本，笔记本贴在胸前，显示出这位苏联最有良知的作家罕见的意志和决心。

如果他让良知冬眠，厄运就不会如影相随，然而这样会让一个有良知的作家的灵魂无法安稳。不知道，那小小的笔记本里记录的是什么，他把它紧紧地贴在胸前。或许，笔记本里就写了"良知"两个字，这是他捍卫的目标，也是他心灵的强大支撑。

女摄影家蒂肯·肖伯利在第二次世界大战时期已功成名就。越战爆发，良知让她不安，她要用镜头告诉世界一个真实的战争。47岁的蒂肯到了西贡，和部队一起行进，亚热带酷热的天气、单调的食物和长时间的疲惫行军，几乎让她崩溃。蒂肯忍受着一切。她把镜头当做士兵的枪口来瞄准，要击穿那些谎言和欺骗，击穿那些新闻舆论既成定论的腔调。然而1965年10月4日清晨，一颗地雷结束了她的生命，她最后说的一句话是："我猜到有什么事要爆发了。"

看着躺在血泊中的蒂肯的照片，我抑制不住自己的热泪，因为我看见了她的珍珠耳环和插在帽檐上的刚刚采摘的野花。她对生命的爱，并不比谁逊色，然而，当她想到战争中成千上万灰飞烟灭的无辜生命，她又把内心的良知看得高于自己的生命。

没有一个人比塞姆克利丝更为绝望，这位患了艾滋病的南非妇女已求生无门。艾滋病是人类最严重的疾病，在非洲，它已夺去了成千上万人的生命。成千上万的人处在病症的折磨中，成千上万的人正在向死亡靠近，成千上万的人对艾滋病的预防和传播并不了解，而社会舆论尚停留在对艾滋病人不遗余力进行道德谴责的最初阶段。

然而，塞姆克利丝，这位普通的南非妇女站了出来，出人意料地宣布自己患有艾滋病。她的良知告诉她，不能再把艾滋病当成隐私，唯一的理由是，这样做对公众有好处，这样可以教育和挽救她的同胞。

形销骨立的塞姆克利丝坐在沙发上，眼神中流露出忧伤和渴望，身边坐着她健康顽皮的儿子，她让摄影师给她照了张相。一个月后，病魔夺去了她美丽的生命。虽然疾病侵蚀了她的肉体，但是，她始终保有健康的心灵，她的心中有一块圣洁之地，圣洁之地安放着"良知"两个字，连魔鬼也无法夺去。

漫长冬夜，读着这些名字和关于他们的故事，独处于冰冷的书房，我的内心感受到了温暖和希望，犹如在黑暗的夜空，看见了彗星划过的光亮。

良知站立在中间，向左向右，只要想背离良知，都能轻易找到理由。

因循习俗，依附制度，遵守习惯，阿谀大众，附和媒体，墨守成规，这一切都简单易行，既可以自保，又可以获取优待。然而，那不是一个人内心的声音在说话，往往是游离于事实真相之外的表象在说话，偏离了通往良知的道路。

甘于混迹大众，听凭众声喧哗，又如何能听到良知的声音？

我的心里，珍藏着这些名字。暗夜中这些闪亮的名字，让我们看到了光明的所在。他们像永恒的北斗，给我们永恒的昭示。

唯有心存慈爱和悲悯，唯有舍弃坦途偏向荆棘，唯有坚忍勇毅不惧牺牲，才能找到通往良知的唯一道路。

做到什么，
就是什么样的人

在无轨电车沉入水底的时候，一个注定要在这场紧张的救人战斗中充当卓越主角的人正从北面朝水坝跑来。这人就是速度潜泳世界纪录创造者，曾13次荣获欧洲冠军和7次荣获苏联冠军称号的沙瓦尔什。他即将跑完规定的每天20公里的长跑路程，同他一块儿训练的还有其他运动员和他的胞弟卡莫。

冠军看到当时的场面，首先意识到发生了事故。他向卡莫打了个手势，边跑边脱下被汗水湿透的衣服，甩掉了运动鞋。卡莫也跟着这样做。转眼间兄弟俩已出现在冰冷混浊的水中。

沙瓦尔什心里明白，在主要抢救工程——打捞无轨电车开始之前，应该干什么，必须干什么。没有一个人能胜过他，只有他才能潜游到必要的深度，在水下辨明方向，并采取营救措施。

他扭头一看，瞥见卡莫在身后。"你浮在水面上，等救生员。"他喊了一声。然后，他吸了一口气，扑通一声扎入水中。

令人奇怪的是，他只用了一瞬间的时间便作出了他一生中最伟大的抉择。可是在这之前，他和大多数人一样，即使作出任何一个意义远非那样重大的决定，都得花上几小时、几天，甚至几星期的时间，而这次仅仅一眨眼。

　　水下的能见度很差，被无轨电车掀起的淤泥还没有下沉。可是，沙瓦尔什却看清了车身的位置。他从后面游近无轨电车。后面的玻璃窗是最宽的，倘若把它打碎，那就打通了一条救生之路。他紧紧抓住车后的金属挂梯，身子后倾，顶住水流在8~9米深处的强大阻力，用两脚猛踹玻璃窗。玻璃毫无声响地被踹碎了。

　　进去吧！

　　沙瓦尔什游进车厢。在混黑的水中，他看到一些失去知觉的人影在浮动。他在一瞬间感到体力衰竭，肺里的空气已所剩无几，他赶忙抓起离自己最近的一个黑影，转身钻出车厢，两腿抵住车尽全力一蹬，便急速向水面游去。他浮出水面后，发现被救的是一位妇女。

　　"我踹破了玻璃，"他大声说着，把妇女交给卡莫，"乘客全失去了知觉，我只得用手往外拖。"

　　两只载着救生人员的救生船和一艘运动员的赛艇从两面靠拢而来。

　　"把救上来的人送上岸！"

　　沙瓦尔什吸了三口气，集聚起力量，又一次潜入水下，并用娴熟、独特的潜游动作，加快下沉的速度。他下意识地领悟到：下一步的行动除了必要的体力外，还需要有一种精神力量。"把一切置之度外。"他反复提醒自己。

他抓住窗框，进入车厢，又一次把近旁的一个人紧紧搂住……

卡莫从哥哥手里接过第二个妇女，把她安置在船上。

水面上有两只救生船在卡莫周围巡回，船上的几个小伙子准备跟随冠军潜水，但都没有如愿。

"氧气，潜水员用的氧气瓶有吗？"沙瓦尔什向近旁的救生人员大声问了一句。

"没有。"

第三次，沙瓦尔什极其准确地找到了目标。他毫不耽搁地把一个在车内顶棚处浮动的人搂到自己身旁，快速地向水面游去。他甚至没有来得及看清是男人还是女人就交给了卡莫。

"你身上全是血！"沙瓦尔什猛然听见有人冲他喊。他知道是玻璃扎破的，怎么办呢？眼下总不能去包扎吧，时间就是生命。

"岸上的情况怎么样？"他问卡莫。

"正在加紧安装重型起重机和系钢缆。"

"起重机，太棒了。"他心想，又吸了几口气，尔后他沉入那无声无息的世界，去寻找车身、车厢和人影。他紧紧搂住被救者，摆动着有力的、不知疲倦的双腿向上游去。

在堤岸上的人群中间，伫立着一位老者。这是一个体态魁梧、沉默寡言的男人，他若无其事地站着，似乎这次事故与他毫不相干。但从他那双捏紧的拳头以及抿紧的嘴唇可以猜到，此人的内心正忍受着难以言表的重压。

他两眼注视着自己的两个儿子怎么救人。父亲纷乱的思绪啊，多半都同儿子们的童年联系在一起。他在这白昼将尽的时刻得出一个肯定无疑的结论：沙瓦尔什，他的沙瓦尔什，卡莫，他的卡莫，都长大成人了！

一次又一次地下潜。

救起了第13个受难者。

第15个……

第16个……

第18个……

沙瓦尔什不可能相信，从事故发生到现在只过了20分钟，他除了潜水、救人外，什么也没想。当他浮出水面的时候，鲜血把水染得越发红了。

救起第19个受难者，冠军又潜入水下。无论他有怎样的肺，这毕竟是人的肺；无论他有怎样的心脏，这毕竟是人的心脏，他的精力毕竟是有限的。

父亲仿佛愣住了，一动不动地站着，两眼凝视着水面，10秒、20秒、25秒……冠军啊！父亲完全懂得儿子的价值，但他也知道，强壮的体魄本身不是目的，他自己也从父辈那里得到一种伟大的信念：每一座山都比人高，但没有一座山比人更有力量。

起重机的发动机在嗒嗒作响，卡莫把柔韧发亮的钢缆送到电车下沉的地方。卡莫手中拿着两根钢缆：一根主钢缆，另一根套上圆环的辅助缆(应当指出：在整个这段时间里，沙瓦尔什的弟弟没有任何支撑，是仅仅靠踩水浮在水面上的)。

沙瓦尔什抓起一根辅助缆便一个猛子扎入水下，"穿过"车身，浮出水面，接着把主钢缆拖入水下，同横的一根连接起来。

钢缆开始抖动、绷紧、振动。约摸过了两分钟，水库里的水翻腾起来，水花四溅，电车的尾部、接着是车顶、最后整个车身露出水面。

大规模的抢救工作开始了。

沙瓦尔什疲惫不堪地倒在混凝土堤坝上。水库的水才停止浸泡他的身躯，他的四肢便立即布满了鲜血，殷红的血从大大小小割破的伤口流淌出来。

45个昼夜，肺炎，高烧，得败血症的危险，严重的梦呓。冠军的病情险恶，康复是极其困难的。他安详地躺着，回想在不久前获得的一个又一个胜利的瞬间，他一遍遍自问："难道这是我吗？"

是的。

他从死神手中夺回了20条生命。在体育比赛中赢得130枚熠熠发光的奖章与从死神手中哪怕仅仅夺回一条人命相比，算得了什么呢？算不了什么。

他起床了，体力恢复了。以往的精神，以往的力量重新在他身上复活了。4个月后，他回到了游泳池，几乎没多久就创造了苏联新纪录，继而又打破了世界纪录。

他舍生忘死的高尚行为使那些袖手旁观、无动于衷的人良心不安。他舍己救人的英勇行为深深地教育了所有在场的人。

在讲这个故事的时候，我还想提一下人们很少提到的一句话：一个人能做到什么，他就是什么样的人。

因为我正好遇上了

一个男人在山上挖草药，突然被一条五步蛇咬中右手食指，于是他抽出随身携带的砍刀，毫不犹豫地将受伤的手指砍掉。

但没有用。假如他不能在三个小时之内得到救治，残留的毒液仍然能置他于死地。而离他最近的医院，少说也有三个小时路程。

他开始了一路狂奔。他要和死神争夺每一秒钟。

途中他突然听到有人高呼"救命"。

赶过去，需要穿越一个小峡谷。即使以最快的速度跑去，也需要十多分钟。蛇毒正在入侵他的脏腑，对他来说，每一秒钟都是那样宝贵。

可是他还是决定先去看看。假如可以在短时间内帮助对方，那最好；不然就告诉对方自己被五步蛇咬伤，可以在抵达医院后，再找人来救。

可是当他到达出事的地点后，才发现问题的严重性。原来需要帮助的是一对夫妻，他们在山上迷了路，稀里糊涂地走到一个四周都是绝壁的断崖上。那是一块突起的相对平坦的岩石，往下，是万丈深渊；往上，是两米多高的崖壁。他们已经在半空被困几个小时，继续下去的话，后果不堪设想。

拉他们两人上来，即便在平常，也是一件非常困难的事，何况男人已经受伤；何况，他不知道时间还允不允许自己赶去医院。

可是这一带很少有人，他不救他们，谁来救他们呢？

他思考了几秒钟后，毅然做出一个决定：先救人！

他用左手抓住岩石的缝隙，将身体挂在峭壁上。他用受伤的右手抓住女人，在下面的男人的帮助下，艰难地拉她上来。然后他休息了一会儿，再次探下身子，试图把那个男人也拉上来。

可是他把男人的身体拉离地面一米以后，就再也拉不动了。剧烈的运动加速了蛇毒在身体里扩散的速度，他感觉天旋地转，几乎支撑不住。他不得不放下男人，休息了一会儿，然后他再试，却仍然没有成功。

他换了一个姿势。他用受伤的右手紧紧地攀住石壁，用左手紧紧地抓住了男人。手指喷出鲜血，将那块岩石染成红色。他用尽了全身的力气，终于将男人拉了上来。

他长舒一口气，躺在地上剧烈地喘息。这时的他，已经没有力气再站起来。他不知道经过这一番剧烈运动后，自己还能不能活着赶到医院。

他挣扎着爬起来，向那对夫妻简单说明了情况，并用他们的手机打了一个电话。他告诉家人自己被五步蛇咬伤，也许不能坚持跑到医院,让家人去山下的一个路口接他。然后他给那对夫妻指明了回去的路,再次开始奔跑。

他谢绝了那对夫妻的随行。因为他们跑不快。

结果,他真的昏死在路边。好在家人及时赶到,将他送进了医院。

当他再一次醒来,发现自己已经得救。医生告诉他,如果再晚来一会儿,他肯定没命。由于耽误时间太长,蛇毒已经让他右胳膊肌肉坏死。从此以后,他不能再从事任何高强度的劳动。

记者问他,你为什么不顾自己的生死,而向一对陌生人伸出搭救之手?

他淡淡地说,只因为我正好遇上了。

语气平淡得让人颤抖。

做自己想做的事

开学第一天,教授自我介绍后,要每位同学主动结交一位新朋友。当我站起来环视四周时,有人轻轻拍我的肩膀,我转过头,看见一位满脸皱纹、个子矮小的老妇人对着我微笑,那笑容光亮璀璨。

她说:"嗨!帅哥,我叫萝丝,今年87岁。我可以抱你一下吗?"我笑起来,热切的答道:"当然可以。"她果真紧紧地将我抱个满怀。我开玩笑地问她:"你年纪这么小,怎么就来上大学了?"她也调皮的回答道:"我准备来这钓个金龟婿,生几个孩子,然后退休去云游四海。""此话当真?"我明知故问。我很好奇,到底是何动机,促使她年届古稀,还来上大学。她告诉我说:"我一直梦想受大学教育,如今终于得偿所愿。"

下课后,我们散步到学生联合大楼,两人分享了巧克力奶昔,从此我们成了挚友。往后三个月的每一天,我们总是一起离开教室,天南地北地聊个没完。她像一部"时光机器",将智能和经验与我分享,而我总是听得津津有味。一学年下来,萝丝成了学校鼎鼎大名的人物,不论走到那里,她总能轻易地结交到新朋友。她经常打扮得漂漂亮亮的，陶醉在同学们对她的关注之中。学期结束时，萝丝应邀到我们为足球队举办的晚宴中演讲，我永难忘怀当晚她赐予我们的珍贵礼物。

主持人介绍她给听众之后，她碎步走向讲台。正当要开始演讲时，她手中的讲稿不慎掉落地上，有几秒钟时间她显得有点懊恼和腼腆，不过立刻就幽默地对着麦克风淡淡地说："抱歉，我最近老喜欢掉东西。刚刚我本想喝杯啤酒壮胆，却喝了威士忌，没想到那玩意儿简直要我的命，看来我是记不得事先准备的东西了，那我就讲最熟悉的事情吧。"在大家的笑声中，她清了一下喉咙，然后开始说：

"我们不是因为年老而停止玩乐，我们是因停止玩乐才会变老。只有一种秘诀能使人青春永驻、快乐成功，就是你们必须经常笑口常开，幽默风趣；你们必须时时怀抱梦想，当你们失去梦想时，你们就形同死亡。我们周围有许多人似行尸走肉，却不自觉。"

"变老和长大之间有很大的差别。任何人都会变老，但不一定每个人都会长大。长大的意思是，你必须不断在蜕变中找寻成长的机会而且善加利用，要活得无怨无悔。上了年纪的人，通常不会因做过的事后悔，却常因在年轻时，未曾去做自己想做的事而遗憾。只有心怀悔恨的人，会恐惧死亡。"

那年底，萝丝终于完成她的大学学业。毕业后一星期，她在睡梦中安详去逝。超过二千名同学参加了她的葬礼，我们聚在一起，向这位以身教导我们只要下定决心，不管年纪多大都可以实现梦想的伟大女性致敬。

为自己而活

　　一场酣畅淋漓的球赛后,汗流浃背,这时候,能有一个痛快的热水澡,然后从里到外能有干爽的衣服换,便是人生快事。

　　早餐喝粥。一碗粥,一碟咸菜。粥是金黄的小米粥,大碗盛,微烫;咸菜是盐水大萝卜,小碟装,精细。喝一口粥,就一口咸菜,喝一口粥,就一口咸菜。粥要喝出阳光的味道、雨水的味道、大地的味道;咸菜要嚼出盐的咸、萝卜的甜,由甜入咸的微苦,由咸入甜的甘洌。要喝出一点动静,要嚼出一点声音,这动静,这声音,也往胃里去。

　　读书。在有大落地窗户的客厅里,藤椅一把,置向阳处。人偎椅中,椅偎暖阳中。捧书一卷,最好是古书,有至圣先人微语,不急不躁,不愠不火。看到眼迷离,看到神迷糊,若醉微醺,最后,书落人寐。只待日移影逸,伸一个懒腰醒来,唱一声:大梦谁先觉。

　　喝酒,宜雪夜闭门,有红泥小火炉。烛照窗,窗映雪,雪打窗。酒是好酒,10年以上窖藏,开瓶即醉人。菜不必多,三五样,二荤三素。好友二三,皆是知己。或微酌,或豪饮,彼此不强劲。喝到最后，不嚷，不骂，不撒酒疯，酒都流转在身体最熨帖的位置里。

你为别人留着的QQ号，多少年一直暗着。已经暗到心碎，暗到神伤，暗到你快忘了一切。有一天，它突然亮起。那一刻，一句话也不说，面对着那个亮着的头像，呆呆地，愣半天，默流两行泪；或情动不可抑，号啕哭一场。

这一生，有一个人九死一生地爱过你。即便最终有情人未成眷属，但对方依旧站在远方，守望着你，想着你，心疼着你，爱着你，不离不弃。就这样，一辈子。

在你最落魄的时候，最孤独的时候，最无助的时候，最痛苦的时候，亲人不要你了，朋友不要你了，这个世界不要你了，连你都不想要你了，就在这时候，有人站出来说，我愿陪你走一程。而且，重要的是，对方还是异性，很可人。

在人生最得意的时候，有人嫉妒过，但没有被暗算过。在人生最失意的时候，遭人奚落过，终未致落井下石，雪上加霜。心底也曾有过羡慕嫉妒恨，但只停留一刹那，之后，他是他，我是我，不羡慕，不攀比，不活别人，只活自己。

"笔公"的忠直

古弼是北魏时人,原来叫什么已无从考证,明元帝拓跋嗣曾赐给他名字——"笔",一是因为他像笔一样忠直,另一个是因为他的头长得很尖,就像一支毛笔头的形状,时人呼之为"笔公"。后来,明元帝似乎也觉得把一个人叫做笔,虽然寓意还是不错的,但终究有些不太尊重,又替他改了名,叫做"弼",意在称许他是辅佐之材。名字雅了许多,不过私下里人们还是习惯称他为"笔公",因为他忠直得连皇帝都要怕他三分。

公元444年正月的一天,古弼收到来自上谷的一封群众来信,反映皇家苑囿占地太多,老百姓都无田耕种了,希望朝廷减掉大半分给贫民耕种。古弼感到问题严重,而且春耕时节已到,不容拖延,便立刻进宫向太武帝拓跋焘禀报此事。不料想太武帝在跟给事中刘树下围棋,兴致正浓,古弼进来他一点反应都没有,好像根本没看到他。古弼只好在旁边找地方坐下了,心想等等再说。不知道为了什么,太武帝那天特别高兴,赢了一盘,又招呼刘树再下一盘。这下已经等了半天的古弼火了,他突然站起来,一把揪住刘树的头发,把他拉下胡床(即矮凳子),又是扇耳光，又是捶脊背，边打边骂："国家的事情没有治理好，都是你这个小子的罪过！"

这突然的变故让太武帝十分尴尬，脸都变色了，这耳光虽是打在刘树的脸上，却让他觉得火烧火燎的。他赶忙丢下手中的棋子说："没有听你奏事，错误在我，刘树有什么罪过？快停手不要打了！"

古弼这才放过刘树，然后从容不迫地把事情上奏。还有些晕头转向的太武帝无不许可，答应都按古弼的要求办，心里盼着让他快点走，好平静平静。

事情办好了，古弼也知道此举未免失礼，于是便光着头赤着脚到御史署里去"自劾请罪"，主动投案请求处分。太武帝听说了，忙召他进宫，安抚他说："你有什么罪过啊？快把帽子戴上，把鞋穿上吧！以后，只要是利国利民的事，你做就是了。即使'颠沛造次'，也不要有什么顾虑。"

这一年的八月，太武帝要去河西打猎，临走他传了道旨意，命令留守京城的古弼把肥壮的战马送去打猎，结果马是如数送来了，可都是些老弱病残，喘气都费劲。太武帝气得大骂："这个笔头奴！竟敢把我的话都随意打折，捉弄于我，等我回去，先杀了这个奴才。"

谁都知道，皇上生气了，后果很严重，古弼的手下听说了，都吓得惶恐不安，生怕受牵连被杀头。古弼却安慰他们说："我为人臣，不让皇帝沉迷于游猎之中，如果有罪过的话，我想这个罪也是小的。如果不考虑国家的安危，做不到有备无患，而是使军国乏用，这个罪才是大的。现在柔然人还十分强大，经常来骚扰我国边境，南朝的宋国也还没有消灭，我把肥壮的马供军队使用，安排老弱的马让皇帝打猎，这是为国家大业着想。如果为此而死，我又有什么伤心的呢！再说，这件事是我一人决定的，好汉做事好汉当，你们忧虑什么呢？"

想来太武帝的情报工作做得还是比较出色的，古弼的一番肺腑之言很快就传到了太武帝耳朵里，这位脾气暴烈却深明大义的皇帝竟然为之感动，感慨地说："有臣如此，国之宝也！"不仅没有处罚古弼，还奖励给他"衣一袭、马二匹、鹿十头"。

从河西打猎回来没几天，太武帝又到京城的北山去打猎，结果收获甚丰，光麋鹿就捕获了数千头。太武帝给古弼写了一封信，要他征发民车五百辆去运麋鹿。送信的人走了不久，太武帝就醒悟过来，同古弼打交道，已经让他学乖了。他对身边的人说："笔公一定不会给我征发民车来，你们还是自己动手用马把麋鹿运回去吧！"说完，就命令大家动身回京城。走了百来里，遇到送信的人回来，车子一辆没有，带来的只有古弼的一封回信。信上说："现在正是谷黄椒熟时节，民车正用于运送庄稼，怎么能征用去运麋鹿呢？请缓几天吧！"拓跋焘见信后，拿给身边的人看，说："你们看怎么样，果然就像我说的，笔公可谓社稷之臣啊！"

　　当着皇帝的面打人，对皇帝的命令不是执行上打折，就是婉转地拒绝，古弼的胆量令人瞠目结舌。可是细想他做的每一件事，没有一件个人的请托，而无不是为江山社稷殚精竭虑。古人说，壁立千仞，无欲乃刚。想那么多跟在皇帝身边混的人，为什么总是唯唯诺诺，恐怕主要是因为想得太多，想自己的升迁，想自己的俸禄，想子孙的未来，这么多的想法，哄领导高兴还来不及，哪里还敢得罪领导。古弼的胆量，不仅仅是因为性格，更主要是因为他的动机单纯，像笔写字一样黑白分明，因无私而无畏。遥想当年，一声"笔公"的称谓，包含着一种怎样的仰慕啊！

03

登山不是为了征服

用你宽容的心去看人

　　美术大师要选一个年轻人做他丹青事业的关门弟子,前来应试的人很多。经过几轮严格的淘汰赛,只剩下两个年轻的画家:一个是从美院刚刚毕业的,他的作品已多次参加各种画展,并且获得了不少的奖项,实力确实不俗。另一个年轻人则是刚从乡村来的,他酷爱绘画,画出了不少上乘之作,自学成材,备受画坛称道。

　　大师说:"你们两位的作品我都看了,难分伯仲,各有千秋。现在我只有看你们各自的美术天赋了。"大师让他们俩各自为对方画一张白描速写。两个年轻人听了,立刻支好画板,迅速观察对方画起来。

　　乡村来的这个年轻画家想,画人,一定要抓住一个人美的形态,把一个人的美和心神的美结合起来,使被画的对象更美。于是他就不停地观察对方所具有的美的特质,一笔一画地谨慎给对方画像。对方的额头较窄,他就把他画饱满些;对方的眼睛较小,他尽可能把它画大些,使它更具神采。

　　而从美院刚毕业的这位年轻画家就不同了,他暗暗思索:

对方现在是我唯一的竞争对手，把他画得太美，无疑将对自己不利，不如略微把他画得丑一些，这样对于向来喜欢洁净、纯美的大师来说，自己就不知不觉中多了一分胜算。于是，他就着意渲染对方脸庞的粗糙，着意渲染对方脸上那个不太明显的痦子。

两个年轻人都很快画好了。应该说，这两幅作品都是他们各自难得之作。他们把自己的作品交给大师，心怦怦地跳着等待大师的评判。大师拿起两幅画又再三瞧了瞧这两个实力都着实不俗的年轻人，最后大师对从美院刚刚毕业的那个年轻人说："很遗憾，我们两个没有师生的缘分了。"这个年轻的画家很不解，问大师为什么这么快就做出了选择，大师叹了一口气说："从事美术创作需要一种天赋，那就是从平凡中发现美，渲染美。不管他是你的敌人还是你的竞争对手，你都要观察和着意表达他的美，不能因为其他的因素而掩盖对方的美。画出你的对手美，画出你的敌人美，这才是一个人能成为杰出画家所必需的天赋和胸怀，这样的画家才会有前途，才具有成为画坛大师的天赋。"这个年轻人明白了，惭愧地背起自己的画板低着头走了。

是的，不管他是你的对手或朋友，也不管他对你有什么潜在的敌意，用你宽容的心去客观地看待他，用你的善良去仔细发觉和渲染他那一点点的美，那么你就拥有了一种生命博大的气度，你就拥有了一种成为伟人的天赋。

心灵的善良，往往是一个人人生成功的最大天赋。

总统的微笑

　　杰斐逊最热爱的运动是骑马。他是位相马行家，自己就有一匹上等好马。任总统期间，一天他正在华盛顿附近一个地方骑马，当他来到一个十字路口时，碰到一位知名的赛马骑师，这位骑师还是个做马匹买卖的生意人，人们叫他琼斯。

　　那人并不认识总统，但他那职业性的眼光一下子被总统骑的骏马吸引住了。鲁莽、冒失的琼斯径直走上前，和骑马人搭讪起来了，并紧接着用行话评论起那匹马来：品种的优劣、年龄的大小以及价值的高低，还表示愿意换马。

　　杰斐逊简短地回答了他，礼貌地拒绝了他提出的所有的交换建议。那家伙仍不死心，不停地游说，不断地抬高出价，因为他越仔细看这个陌生人骑的马，就越喜欢。

　　所有的建议都被冷冷地拒绝后，他被激怒了，他变得粗鲁起来。但他的粗野行为与他的金钱一样，对杰斐逊毫无作用，因为杰斐逊能够很好地控制自己的情绪，没有人能够激怒他。

　　这位赛马骑师想让杰斐逊展示一下这匹马的步伐，还竭力要他骑马慢跑，和他打个赌。但是所有这些努力都白费了。

最后，琼斯发现这个陌生人不会成为他的客户，而且绝对是个难以对付的人，他便扬起马鞭在杰斐逊的马侧腹抽了一鞭，想使马突然狂奔起来，这会让那些骑术不高的骑手摔下地来。同时，他自己也准备策马急驰，希望比试一番。

然而，杰斐逊仍然端坐在马鞍上，用缰绳控制着烦躁不安的马，并且同样很好地控制住了自己的情绪。

琼斯惊呆了，但只是粗鲁地付之一笑，又靠近这个新认识的人，开始谈论起政治来。作为一个联邦制的坚定拥护者，他开始大肆攻击杰斐逊以及他的政府的政策。杰斐逊鼓励他就一些事情发表自己的看法。

不知不觉，他们骑马进入了市区，沿着宾夕法尼亚大道往前走。最后，他们来到总统官邸大门的对面。

杰斐逊勒住缰绳，有礼貌地邀请那人进去。

赛马骑师听后惊诧不已，问道："怎么，你住在这里？"

"是的。"杰斐逊简洁地答道。

"嗨，陌生人，你究竟叫什么名字？"

"我叫托马斯·杰斐逊。"

听后，赛马骑师的厚脸皮也变得煞白，他用马刺猛踢自己的马，喊道："我叫理查德·琼斯，我很好！"说着，便迅即冲上了大路。而此时，杰斐逊总统则微笑地看着他，然后策马进了大门。

年轻人，别走弯路

她是超市仓储管理员，丈夫是出租车司机，她对生活没有太多的奢望，只要孩子能健康成长，丈夫每晚能平安收工归来，就可以了。

可平静的生活，还是在某个夜晚被打破了。

噩耗，是在12点左右传来的，她丈夫的出租车在高架桥上出事了。

她飞一样奔向医院，丈夫已经被送往太平间。据说，他的车撞在了高架桥中间的隔离墩上，车头都被撞烂了，当他被人从车上抬下来时，就已经彻底地失去了生命体征，而那位坐在副驾驶位置的乘客，被撞断了双腿，正在手术抢救。

她扑向太平间，却没有勇气去看丈夫支离破碎的身体，只觉得整个天空在不停地旋转。

浑浑噩噩地办完了丈夫的丧事后，她才想起那个躺在医院里的乘客。听交警说，他很年轻，双腿骨折，听口音不像本地人，更要命的是，经历了这场与死神擦肩而过的事故后，因为受惊过度，他只记得砰的一声巨响，其他的，什么都不记得了，而且身上没有带任何能证明他身份的东西。

　　她忽然为这个年轻人难过起来了——不过是搭了丈夫的车，却落得独自躺在医院里，连自己是谁，家在哪里都不知道。她提了水果，去医院看他。

　　当她向年轻人说明自己的身份，年轻人淡漠地看了她一眼，就什么都不说了，好像她是空气，好像她的话语，是被风吹来的一些无所谓的杂音。她理解他的心情，毕竟，年轻人是付了钱搭丈夫的车，而因为丈夫的驾驶不当，害得他落到了这步田地，她理解他的抵触情绪。

　　她代丈夫说抱歉，说以后会经常来看他。

　　年轻人始终保持沉默。以后的日子，只要她有时间，每天都会去看他，给他送一桶温汤，帮他洗衣服，扶着他做恢复性训练。时间久了，新来的病人，都以为她是他的姐姐，而且还是一个忍辱负重的好姐姐，因为年轻人从没给过她好脸色，她默默地承受了，想，就算是替在天堂的丈夫向这个年轻人道歉吧。

　　一个月过去了，医院通知年轻人可以出院了，而年轻人却不知道自己家在哪里。她说：要不，就到我家吧，等你想起了家在哪里，我再把你送回去。

　　年轻人呆呆地看了她半天，问：你对我这么好，是不是有目的的？

　　她当时就愣了。喃喃说，我能有什么目的，我总觉得你是因为坐我老公的车才这样的，心里过意不去，我照顾你，是想让他在天堂能得到安息。

年轻人愣愣地看着她，突然地，就给她跪下了，声泪俱下地叫了声大姐。

原来，他的失忆是装出来的，如果不是因为他，她的丈夫根本不可能发生车祸。

他从外地来这座城市打工，一连两个月，没找到合适的工作，身上带的钱花完了，他又冷又饿地在街边溜达时，突然萌发了抢劫出租车的念头。

他在夜市上偷了一把水果刀，拦了她丈夫的出租车，等车上了高架桥，他拿出水果刀抵在她丈夫的肋骨下，很不专业地说了声抢劫。她的丈夫一慌，车子就撞在了中间的隔离墩上，而他被这意外的一幕吓坏了，忍着剧痛，把水果刀奋力扔出了高架桥，拼命大哭着说对不起。

她的丈夫，用最后一丝力气，告诉他：年轻人，别走弯路。然后颤抖着把自己的手机递给了他，说了句：麻烦你……告诉我的老婆孩子，我爱他们。就去世了。

等交警和救护人员来了，他想过自首，可是一想到自首的后果是去坐牢，他太怕了，只好伪装失忆。他哭着说：大姐，我对你鼻子不是鼻子脸不是脸的，就是想让你别来了，你一来，我就害怕，你对我越好我就越觉得自己是个混蛋。

看着泪流满面的年轻人,她泣不成声。

然后,年轻人去自首了。

后来,有人问她恨不恨年轻人,有没有后悔对他好。她沉默良久,说:恨他有什么用?再恨,我家那个也活不过来了,如果我对他的好,能把他昏睡的良知唤醒了,有什么好后悔的?

购物卡
的陷阱

澳大利亚塔斯马尼亚州的家庭主妇特尼尔·玛莎，休息日在一家瑞沃肉类制品连锁店买了两根红肠，回到家切成片，准备制作三明治。当切到末梢时，发现里面有一只死蚂蚁，她顿时惊叫起来，旋即分别拨打电话给州《社会生活时报》新闻部和专卖店客户服务部，要他们派员来现场看看这"令人难以容忍的事情"。

《社会生活时报》新闻部接到电话后，立即派出了专写商品质量问题报道的记者凯威·鲁洛斯前往特尼尔·玛莎家进行现场采访。当凯威·鲁洛斯到达时，肉类制品公司客户服务部的露西小姐也同时出现了。气不打一处来的特尼尔·玛莎向眼前的一位记者先生和一位客户服务小姐讲述了事情的来龙去脉，凯威·鲁洛斯现场进行了录音并拍摄了照片，认为"这是一件罕见的食品卫生事故"。当采访结束后，离开之际，露西小姐紧随着他，从手提包里拿出一张购物卡，悄悄地塞进了凯威·鲁洛斯的口袋，并耳语道："够你两个月开销的，请你不要声张，只有上帝知道。"凯威·鲁洛斯见四周没人，心领神会地点了点头，半推半就着坐进了车厢。

凯威·鲁洛斯是去年下半年应聘进州《社会生活时报》的，

由于新闻敏感很强,对揭短商品质量很不留情,再加上夹叙夹议的漂亮文笔,很受市民的喜爱,因此不到9个月就成了一位首席记者。明年初,凯威·鲁洛斯准备和一位匈牙利姑娘举行婚礼。根据预算,婚礼和购物等至少需要6万澳元,这对于月收入3000澳元的凯威·鲁洛斯来说,无疑是莫大的经济负担。而刚才露西塞给的一张购物卡,怎么会轻易地拒绝呢?

凯威·鲁洛斯回到报社后,向主任先生汇报称:这也许是一件非常凑巧的事情,可能是一只蚂蚁刚刚爬到红肠上,我想,这家大名鼎鼎的肉类制品连锁店不会出现这样蹩脚的质量事故的。主任听后,也信以为真了,不再安排版面予以"曝光"了。

然而,特尼尔·玛莎却是一位很顶真的"女刺头",事后第三天见媒体没有动静,就直接打电话给凯威·鲁洛斯,询问事情怎么样了。然而,凯威·鲁洛斯的模糊回答令她很不愉快,难道是我故意造假不成?于是她拿着这截嵌着死蚂蚁的红肠,直奔州食品质量检验署,要求给个结论,到底是谁作的祟。经检验,这只死蚂蚁嵌入红肠的时间至少有两个星期了,也就是说,这的确是一根有着严重卫生质量问题的红肠。

州食品质量检验署人员听了特尼尔·玛莎的叙述后,一是准备对该商家系列肉类制品进行全方位卫生盘查,二是认为这件事需要州《社会生活时报》进行报道,以引起公众对这家肉类产品的注意。于是和特尼尔·玛莎一起赶到报社。接洽的是凯威·鲁洛斯,当凯威·鲁洛斯面对事实,无言以对,却不愿意采写该报道,理由是"怕厂方纠缠而惹上官司"。主任只得安排另外一名记者采写该报道。

当报道刊登出来后,该品牌的红肠销售一落千丈。露西小姐打电话给凯威·鲁洛斯,质问是怎么回事。凯威·鲁洛斯苦笑着称,向上帝保证,这可不是我的意思。露西小姐冷笑了几声后,驱车赶到报社,直奔主任办公室,她有鼻子有眼地称:当时我代表公司向特尼尔·玛莎致了歉,同时也欢迎凯威·鲁洛斯给予公开批评。不料,凯威·鲁洛斯先生私下里向我索要购物卡,我当然明白他的意思,就从包里拿出一张6000澳元的购物卡给了他,卡的编号为P-98763241。现在出现了这样的结果,实在令人感到很遗憾,我想你们不会不知道,我们公司一贯很乐意接受媒体监督的,希望你们能将这一事件如实向公众报道……

当露西的这番话传给凯威·鲁洛斯后,他气得直翻白眼,但又不敢说辩。第3天被报社以"不再适合做媒体工作者"的理由而解除了合同。更要命的是,自己的名字还被列入社会不诚信名单,这就意味着在全国很难找到工作。女朋友获悉后,惊叫着"和这样的人生活,真感到害怕",也弃他而去。

"这是我自己一不留神掉下了陷阱。"凯威·鲁洛斯长吁短叹着。他从此成了一名一文不名的无业人员,他暂时还不愿意到州府登记失业,打算先做一段日子的乞丐再说。

诚信比生命更重要

16世纪末，也就是400多年前，有一个名叫巴伦支的荷兰人，他是一名商人也是一个船长。为了避开激烈的海上贸易竞争，他带领17名船员出航，试图从荷兰往北开辟一条新的到达亚洲的航行路线。他们到了三文雅——现在一个俄罗斯的岛屿，地处北极圈之内。

就在一天清晨，他们突然发现自己的船航行在海面的浮冰里，这时他们才意识到被冰封的危险迫在眉睫。然而为时已晚，经过艰苦的努力之后，最终他们仍然不得不放弃返航的努力，把船停泊在岛屿旁边。

迎接他们的是随后而来的各种恶劣天气。北极圈是地球上最寒冷的区域之一，一年只有很少的几个月天气暖和，冬季漫长而严酷，没有任何山脉阻挡可怕的狂风。冰冷刺骨的狂风和靠近北极圈地区常见的暴风雪，异常凶猛，毫无羁绊。没有人类生存的三文雅岛上常常覆盖着3米厚的雪，厚厚的积雪被零下40~50摄氏度的严寒冻结，变得像花岗岩一样坚硬。巴伦支船长和17名荷兰水手只能在这孤立无援的条件下度过8个月的漫长苦寒的冬季。他们拆掉了船上的甲板做燃料，以便在极度严寒中保持体温，靠打猎来取得勉强维持生存的衣服和食物，苦苦地等待着冰雪消融季节的来临。在这样恶劣的险境中，8个人死去了。但巴伦支船长和17名荷兰水手却做了一件令人难以想象的事情，他们丝毫未动别人委托给他们的货物，而这些货物中就有可以挽救他们生命的衣物和药品。

冬去春来，幸存的巴伦支船长和9名荷兰水手终于把货物几乎完好无损地带回荷兰，送到委托人手中。在当时，巴伦支船长和船员们的做法震动了整个欧洲，也给整个荷兰带来了显而易见的好处，那就是赢得了海运贸易的世界市场。那个时候，荷兰人口仅有150万人，陆地总面积4.15万平方公里。如果用国土、资源、人口等条件来衡量，几乎不具备作为国家生存下去的条件。但是，这个曾被西班牙国王宣布为西班牙神圣不可分割的一部分，又不得不将自己的国家托付给英国女王伊丽莎白一世保护的荷兰，于16世纪末最终拥有了属于自己的国家，开始崛起在世界民族之林。

17世纪，荷兰几乎垄断了欧洲的海运贸易，贸易与势力也几乎延伸到地球的每一个角落，成为整个世界的经济中心和最富庶的地区。即便现在，荷兰依旧是世界上经济最发达的国家之一，国内生产总值排名在世界前15位之内，人均收入达2万美元，被权威经济研究机构认定为全球国际竞争力排行第一位。毫无疑问，荷兰的崛起，很大程度上源自于巴伦支船长和17名荷兰水手用生命作代价，守望信念，为荷兰商人创造了传之后世的经商法则：诚信比生命更重要。

谢谢您的信任

马修17岁那年,父母就离异了。一年后,母亲带着他再嫁。马修的继父是个酒鬼,常借醉酒无故殴打他,马修只好选择了离家出走。

从那天起,马修再也没有去过学校,整日和街头小混混待在一起。为了生存,他开始参与抢劫、盗窃,22岁那年他被判入狱。

6年后,28岁的马修服刑期满重获自由。他不想重蹈覆辙,决定找份工作过正常人的生活。可是像他这样有犯罪前科的人,找工作谈何容易。人们如同躲瘟疫一般的避开他,唯恐惹麻烦上身。

几经周折,终于有一家社区便利店的老板愿意雇用马修。为了表示感激和谢意,马修向老板表示,前三个月他可以不要工钱。

便利店老板名叫格雷特,是个身材矮胖的老者,他笑着对马修说:"小伙子,你有决心好好干,我为什么要扣你的工钱呢?"就这样,马修在便利店落了脚。

便利店雇了一位曾蹲大狱的人,犹如一条爆炸新闻,一夜间传遍了整个街区的每个角落。从那以后,人们不敢再到便利店来买东西,便利店的经营状况日渐惨淡。

一天，马修到配货站进货。回来时，他无意间听到几个老主顾正和格雷特叽叽咕咕地说些什么。

"唉！您怎么犯糊涂了呢？雇谁不好，非要雇一个有前科的人，您就不怕他给您惹出事端吗？"一个中年妇女压低声音说。

"没错！凡蹲过大狱的人，都是恶习难改。您还是趁早辞掉他吧！"另一个女人说道。

"更可怕的是，您也许雇了个'家贼'还浑然不觉呢……"人们你一言我一语，振振有词，慷慨激昂。

马修站在门外，心中不禁怒火中烧。

晚上打烊后，马修收拾好自己的东西，来到格雷特面前说："抱歉！先生，我是来向您道别的。"

格雷特怔了一下，继而哈哈大笑起来："小伙子，你一定是听到人们对你的议论了吧！"马修涨红着脸，低头不语。

格雷特说完从上衣口袋里掏出几张绿色的钞票，"这是你这个月的工钱，如果你好好干，下个月我还会给你加钱。"说完，他把钞票塞到了马修的手中。

"您真的愿意继续雇用我？"

"为什么不呢？我相信你。"格雷特面带笑意地说。

一年后的一天清晨，天刚蒙蒙亮，马修拉开了便利店的大门。大街上安静极了，一个人都没有。

突然，马修隐约听到远处有女子的呼救声，便寻声而去。最终,他在街口一个偏僻的拐角处发现两名男子正欲对一名年轻女子施暴。

马修见状,立即上前大喝一声:"住手!"接着,猛冲过去紧紧抓住了一个男子的衣领。另一男子见马修长得人高马大,自知不是对手,一溜烟地没了踪影。那女子也趁机从地上爬起来拼命地逃了。

被马修揪住的男子,突然弯腰捡起一块石头,狠狠地朝马修的头砸去。马修迅速地向旁边一闪,躲开了。随即,他猛地夺过男子手中的石头,重重地砸向男子的头。男子惨叫了一声倒在地上,鲜血泉涌般地淌了一地。

恰好此时有人从此经过,目睹了马修伤人的一幕,立即打电话报了警。

很快,两辆警车呼啸而来。受伤的男子被送往医院进行抢救,而马修则被带到了警察局。不久,警方以马修涉嫌蓄意杀人罪,将其移交给法院依法裁定。

站在被告席上,尽管马修一再声明,自己是为了救一个女孩儿才打伤那男子的,但当前所有的证据都对他不利。

首先,目击者是以马修伤人向警方报的案,且情况属实;其次,受伤的男子否认自己曾欲施暴,而警方对此也无从查证;再次,马修根本不知道所救女子的姓名,没人愿意站出来为他作证。

然而就在这时,格雷特主动向法庭申请,愿意出庭为马修申辩。法庭准许了格雷特的请求。

法庭上，格雷特满脸严肃地说："既然，警方无法查证受伤男子是否有过施暴行为，那么就是说，可能性各占50%。因此，以涉嫌蓄意杀人罪控告马修，证据是不充分的。"

最终，法庭宣判因为证据不足，马修涉嫌蓄意杀人的罪名不成立，并当庭释放了马修。

重获自由的马修大步来到格雷特面前，激动地说："谢谢您，先生。"

格雷特轻轻地拍了拍马修的肩膀，说："没什么，我相信你。"

三年后，格雷特老人因病去世。不久，马修离开了这座城市，到他乡重新开创新的人生。他先后干过搬运工、勤杂工、清扫工等等。最终，他用自己全部的积蓄创办了一家快递公司。

10多年之后，马修的快递公司已经在全国形成了网络，他也成为业内赫赫有名的人物。

然而，马修始终没有忘记那个小便利店，没有忘记格雷特老人。每逢老人的祭日，马修都会来到老人的墓前，恭恭敬敬地献上一束扎着彩带的鲜花。美丽的彩带随风飘拂，每条彩带上面都有马修亲笔写下的：谢谢您的信任！

德意志的智慧

2006年夏天,在德国留学的中国青年杨立从波恩港出发,沿着莱茵河开始了他的自行车旅行。

一天,当他来到莱茵河沿岸的一座小镇投宿时,却被几名身着制服的警察拦住,彬彬有礼地把他请到了警局,说是受一个叫做克里斯托的小镇之托来寻找他。

在警局,杨立接到克里斯托镇镇长打来的电话,要他回克里斯托小镇领取500欧元的奖金和一枚荣誉市民奖章——这是小镇历来对拾金不昧者的奖励。

原来,两天前杨立路过克里斯托的时候,将捡到的一个装有几千欧元现金和几张信用卡的皮夹送到了市政厅,连姓名都没有留下就悄悄离开了。这次,镇长希望他回去。他回答说,施恩不图报是我们中国的传统,如果接受那笔奖金和荣誉,反倒显得动机不纯。

镇长想了想,问杨立:"你知道我们是怎样找到你的吗?"

镇长告诉他,在他离开后,镇上的人们立即开始打探这个善良的东方青年的下落。由于杨立在镇上只是稍作停留,镇上的人也只是听说他在沿莱茵河旅行，连具体的方向都不清楚。小镇的警局只好把对杨立相貌的拼图电传给上下游两岸的十多个城镇的警局，发动了百余名警力，这才把他找到。

听到两天来克里斯托小镇如此劳师动众地寻找自己，杨立很是感动，也很不理解：既然自己都已经离开，还有必要如此大费周折吗？

镇长听到他的话之后，用英语说了句"东方式思维"，然后严肃地回答："施恩不图报，并不是你们中国人眼中简单的个人问题。可以说，你拒绝我们的请求，已经相当于在破坏我们的价值规则。那些奖励你可以不在乎，但你必须接受。因为那不仅仅是对你个人的认可，也是整个社会对每个善举的尊重。对善举的尊重，是我们每个公民的责任，也让我们有资格去劝勉更多的人施援向善。所以，我们才不能因为你的无私而放弃履行自己的责任。"

这番话让旅居德国近一年的杨立第一次真正认识到"德意志智慧"。最后，他终于答应回到克里斯托。因为，他明白，自己实在辜负不起那份尊重。

登山不是
为了征服

　　1953年，登山家希拉里雄心勃勃来到珠穆朗玛峰的山脚，却发现登上珠峰比他想象的要难得多。

　　就在希拉里陷入进退两难的时候，一个牵着牦牛的小伙子正好路过，希拉里顿时感觉这就是上帝给他送来的希望。他比划着，希望这个看起来穿着土气、满脸高原红的当地小伙做他的向导。小伙子根本不懂英语，听不懂希拉里的请求，却看懂了他的手势，他穿上皮袄就跟着探险队出发了……

　　就在距离珠穆朗玛峰不足1米的地方，希拉里突然停了下来，像早就计划好了似的，用手一指，对向导说："这是你的土地，你先上吧！"

　　年轻向导不懂希拉里话中的深意，只是按照他的手势往前迈进了几步。这个名叫腾辛·诺尔基的小伙没有意识到，希拉里让他先走的那几步登顶路，竟将他带入了登山史册，成为人类历史上第一个攀登上珠穆朗玛峰的人！

　　作为职业登山家，成为世界第一个登顶珠峰的人，是希拉里梦寐以求的夙愿。可他还是波澜不惊地作出了"这是你的土地，你先上吧"的决定。他超越了个人的欲望——这座每个人人生旅途中都会遇到的绝不比珠穆朗玛峰低的"高峰"。希拉里尊重事实，让生活在这片土地上的人得到本该属于他们的荣誉。

希拉里是一个深谙登山终极意义的登山家。登山不是为了征服，也不是为了征服后的光环，而是在整个过程中体验超越自我。希拉里的精神已超越了世俗，超越了一座地理意义上的高峰，站到了另一个高度。

从珠峰下来后，腾辛·诺尔基的身份发生了改变，从一名普通的把登山赚钱当做职业的小伙变成了世界名人。在接受西方媒体访问时，腾辛对自己的国籍避而不答，只称自己是个夏尔巴人。从登顶成功一直到去世，腾辛对他的身世背景要么保持沉默，要么给个模棱两可的说法。

这到底是为什么呢？原来，腾辛成为全世界瞩目的名人后，尼泊尔、印度都力争腾辛是自己国家的公民。腾辛明白，一旦他承认或否认自己的国籍，有可能会引发一场不可收拾的矛盾。腾辛不愿看到友邻变成仇敌，于是一直对自己的身世保持着缄默。

如果说希拉里在登顶的瞬间完成了"另一种高度"的攀登，那么腾辛则用了一生的时间完成了"另一种高度"的攀登。

小纸团上的秘密

又到了一年一度的退伍季节。这天,刚吃完早饭,队长便把我叫住了,让我提前到看守所的哨楼上去接班长李永强下哨回来。

一走进看守所那长长的走廊,就见班长俯身在15号监舍的窗口说着话,里面不时爆发出阵阵笑声。一会儿,竟从监舍的窗口弹出了一个白色的纸团来,落到上面的走廊里。班长看见后,立马蹲下捡了起来,迅速地揣进了自己的裤兜,而后对着下面的人说:"还有最后几天了,你如果再不向法院上诉的话,恐怕就只有死路一条了。"

听到这里,我感觉有些异样——15号监舍里关的全是一些被法院判了重刑等待送往劳改场所的罪犯,其中有一个还是一审被判了死刑的王世才,班长肯定是在跟他说话。可这个家伙杀的不是别人,而是班长的亲哥哥啊!想当初,班长知道哥哥被王世才杀了以后,气得两天都没吃一点东西,眼睛都哭肿了,还一个劲儿地嚷嚷着要给哥报仇。

想到这里,我有些纳闷,搞不明白班长在干些啥,于是便悄悄地溜到他的背后,故意咳嗽了两声,说:"班长,该下哨了。"班长回过头,有些不自然地应道:"我看见你进来的……"他边说边和我一道来到哨楼办理了交接手续,然后,他有些恋恋不舍地回头向四周张望了一下,就消失在通向中队那狭窄幽长的巷道里。

班长走后,我愈加觉得奇怪。前几天,法院向王世才送达了一审判决文书,他被判处了死刑,剥夺政治权利终身。可判决后,这个家伙迟迟没有提出上诉,眼看着判决文书就过了上诉期,立马就要生效了,我想,王世才这回肯定是死定了。何况,即使他不死,我们中队的几个战友也正合计着找机会好好地收拾收拾这个可恶的家伙,替班长的哥哥报仇。可班长刚才咋一个劲儿地鼓动那家伙去上诉,这是咋回事?难道班长忘记了当初说过的要替哥报仇的誓言,变得六亲不认,大仇不报了?

想到这里,我有些放心不下,万一王世才又在监舍里闹出个什么花样来,发生什么意外咋办?于是,我扛好枪,走出哨楼,沿着监舍上面长长的走廊向15号监舍走去。我把头斜靠在15号监舍的窗沿边,偷偷地向下观望了一番。只见王世才二十三四岁的样子,脸色有些泛白,脚手都被镣铐紧锁着,神情显得有些颓丧和萎靡,在屋子里走来走去的。在他四周有几个罪犯,有的站着,有的坐下,有的也跟着来回踱着步,一切都显得很正常。

看到这张和我相差不多的年轻的脸,我不由得生出些许感慨来:要是王世才不去杀人的话……呸!兵就是兵,匪就是匪,我们和监舍里面的人根本就是两种人。就像黑与白,永远都不能混淆。难道班长被这个家伙蒙蔽了,产生了同情心,又或是王世才给了班长什么好处?我不敢再往下想。要知道,我们这些武警哨兵只负责看守所外围的警戒和监舍内突发情况的处置,一般情况下,是绝对禁止和下面的人进行沟通的,更别说传递纸条了。

时间过得飞快,转眼又轮到二班的陈宪来接我的哨。他红肿着双眼说:"刚才队长宣布退伍军人名单,李班长这回要退伍返乡,就要离开我们了。"

"前些日子不是还有人说班长要升为三级士官,怎么这次退伍名单里会有他?"我感到诧异,忙问。

陈宪开口回答道:"这次听说是李班长自愿申请退伍的。他在申请书里讲,自他在乡下的哥哥被王世才杀死后,现在家里就剩下一个经常生病的六十多岁的老母亲,无人照顾,承包的田地也无人耕种,因此,他只好申请复员退伍。"

我听后,也难过起来。记得我刚入伍时,还是班长手把手地教我叠被子,陪我练器械;我病了,他又给我端汤送药。这些情景就像发生在昨天一样。可是,现在他就要离开我们,返回原籍,说不定我们这一辈子都难再相见了。想到这里,我气愤至极——都是王世才这个家伙害了班长!我一口气从哨楼冲到15号监舍的窗口吼道:"王世才,你这个王八蛋!看老子今天不宰了你。"

王世才听了,却哈哈一笑:"来吧,我既然进来了,就没想着要活着出去。不过，我死也要死在你们李班长的手里。"我一看他那嚣张的样子，更是来气，恨不得一枪毙了他。是陈宪把我连推带拽地攥出了哨所。

回到中队，我看到那些即将复员退伍的老兵们，有的在准备行李，有的在找其他的战友签名留言。总之，大家都很忙，中队也显得有些乱。我来到班上，班长也不知跑到哪里去了，只有床头柜上散落着两件等待换洗的军装。想起班长平时对我的好，我想，他明天就要走了，在他离开中队之前，我能帮他做的唯一一件事就是，把他脏了的衣物拿去清洗一遍。于是，我拿起班长放在床头柜上的那套军装，准备把它扔进盆子里。就在这时，从军裤口袋里滚落出一个小纸团来，打开看，只见上面写道：

永强哥：我是一个罪人，一个即将赴死的罪人。如果当初没有发生那件事的话，我们还会像小时候一样，是很好的朋友。但，大错已经铸成，一切都无法挽回了。在我死之前，我想要对你说的一句话就是：对不起！由于我的冲动，给你们家带来了无法弥补的伤害和灾难。

那天，我和你哥由于自留地界上的一棵银杏树的归属问题发生了争执，一怒之下，我竟用锄头打死了他。我知道，你爸死得早，你妈又多病，是你哥含辛茹苦地把你拉扯大。在你心目中，你哥就是你的父亲，也是你最亲近的人。当我知道自己被关押在你所看守的牢房中时,我就有了接受你暴打甚至虐待的思想准备。但是,你并没有这样做,相反,你却对管教干部说:"犯罪的人也是人,要好好地对待他们。让他们在接受法律的惩处之前,从灵魂深处真正地悔悟过来。"当这些话从看守所的管教干部口中传到我的耳朵里时,我整个人惊呆了。

你的心胸是那么开阔、博大,而我却是那么的狭小、自私。为了芝麻大的一点小事,竟打死了你哥。我知道,此时说什么都无济于事,我只想速死——在你退伍之前,把我亲手推向刑场。

"永强",这不就是班长的名字吗?他早就知道自己要退伍返乡?哦,怪不得那个死刑犯不上诉,原来是这么回事。可我刚才还对班长有所怀疑,真是的!

我有些内疚地收拾起班长的衣物放到盆子里,随后朝洗衣房走去。当我路过中队长室时,听到里面传出班长的声音:"队长,明天我就要离开中队了。请你转告王世才,他罪不至死,应该去上诉。虽然他当初进看守所时把所有的罪责都揽在了自己身上,但我通过各方面的调查,得知我哥也有错,那棵银杏树本来就是王世才家的,何况根据当时的情况判断,王世才也只是过失杀人。"

第二天,当我从看守所得知王世才在最后的关头向法院提出上诉时,我沿着火车缓缓启动的方向猛跑了几步,向班长挥动着手臂……

赢回的
精彩时光

很久没有人这样信任他了，把他当作一个真正的人来看待。那一晚，他辗转反侧，难以入睡。

5年前，他因为抢劫未遂锒铛入狱。现在刑满释放，从监狱里出来已经好几个月了，还是没有找到工作。有一天，在一个建筑工地上，他无意间看到了他的中学同学蚊子，上学的时候大家都这样叫。蚊子是工地上的一个小包工头，还算有些权力，就安排他当了一个力工，吃住都在工地上。"先干着吧，等以后有了好去处再说。"蚊子说。他和蚊子其实不怎么熟络，上学的时候都没怎么说过话，蚊子在同学聚会的时候，还听说过他犯了事，但蚊子没说别的，就让他留下了。不管怎么样，总算暂时有了一个落脚的地方。他心里很感激蚊子，想有一天开了工钱一定请蚊子去饭馆里好好吃一顿。

那天，蚊子拿了5千块钱回来，说是管老板要了半年才要回来的。天太晚，已经没有客车了，蚊子说不回去了，要在他的棚子里将就一宿。蚊子还弄了花生米、香肠和几瓶啤酒，两个人聊起上学时候的事情，蚊子有些不胜酒力，喝了2瓶就有些摇摇晃晃了。他的心里就有了坏念头，那些藏在心底的"恶"又蠢蠢欲动起来。在监狱里改造了5年，他以为那些"恶"已经被连根拔除了，没想到它们还在，偷偷地生长着，使他的灵魂跟着扭曲变形。

他不时地盯着蚊子的包，他现在太需要钱了，他想如果现在下手，蚊子没有防备，会很容易得手的。他又给蚊子开了一瓶酒，他想让他醉得彻底些，那样他的成功率会更高。蚊子又喝了一大口，然后就嚷嚷着要睡觉。让他没有想到的是，蚊子睡觉前竟然把他的包塞到了他的怀里，对他说："我喝多了，你替我拿着吧，我对我自己不放心。"然后脸冲里，呼呼就睡着了。

天赐良机！他这样想道。握着那装着5千块钱的鼓鼓囊囊的包，他的内心波涛汹涌。那5千块钱对他来说，诱惑是巨大的。况且天已经黑了，他转眼之间就可以逃之夭夭。

他试着起身开门，蚊子没有反应，依然鼾声如雷，睡得香甜。

他很快融入了夜色里，却忽然停住了脚步。心底的"恶"有些退缩了。他想到，这几个月里，他受尽人们的白眼，没有一个人信任他。所有的人都因为他是一个劳改犯而拒绝他，排斥他，只有蚊子帮了他一把，而且如此信任他，对他毫无防范之心。如果自己真的拿走了这5千块钱，就是给唯一信任自己的人当头泼了一身冷水，让人多寒心。做人不能这样，他这样想着，就折回身，重新回到棚子里，躺在了蚊子身边。蚊子的鼾声依旧排山倒海，气势非凡。

不过，这真他妈是一个千载难逢的好机会。躺在那里，他的"恶"并不死心，依然怂恿着他。那一夜，他被这5千块钱折磨得疲惫不堪，感觉心里像压了一块大石头一样。

他终究没有拿走那5千块钱，早上他把包递给蚊子的时候，感觉到心底莫大的轻松。因为一夜没有合眼，他的眼睛红红的，蚊子问他怎么了，他撒谎说怕钱丢了，一夜没合眼地看着它。蚊子忙说对不起对不起啊，害你遭罪了。

时光一晃而过。10年之后，他白手起家，从一无所有的劳改犯到身价过亿的富商，他的经历可谓传奇。作为很有名望的民营企业家，他的事迹常常是当地报纸的头条，人们茶余饭后不厌的谈资。他的商品从不掺假，他被人称道的品质就是诚信。与人谈起自己成功的经历时，他总是毫不避讳自己曾经阴暗的心路历程，包括那一个让他辗转反侧的夜晚。他说，那个夜晚，真正改变了他的命运。从那个夜晚之后，他就决定了要靠自己的能力奋斗下去。因为一个人的信任让他觉得自己还是一个有用的人，他不能辜负一个人的信任。他感激那个人，他会一辈子记住他的名字：朱德文。

"朱德文！"我捧着报纸对父亲喊道，"难道他要感谢的是你吗？"父亲微笑着对我点点头。"您可从来没有和我们提过这件事情啊？快说说，当时到底是怎么回事？"我忽然对父亲无比好奇起来。父亲说："我根本没有他说的那么好。你知道我当时的真正想法吗？其实我并不信任他，毕竟他曾经是个抢过劫坐过牢的人，我只是在做一次冒险的赌注。因为在喝酒的时候我看到了他的眼神，那眼神中有一种贪婪，我就知道他在打这些钱的主意，我的钱和生命都处于危险之中。我决定赌一次。我把钱给他，如果他拿走了，我也认了，毕竟自己还留了一条命。如果他不拿走，那就万事大吉。那一夜，我故意装作睡得很死，其实他的每一个细微的动作我都知道。

"事实证明，我赢了。"父亲说，继而纠正道，"不，应该说那一晚没有输家，我们两个都赢了。"

是的，那一晚的赌注两个人都赢了。一个人赢回了钱和生命，一个人赢回了那些剩余的精彩的时光。

人人可以到天堂

新年前夕的一个黄昏,大盗斯宾塞来到南部黑森林的一个镇上,一个在他之前出狱的兄弟约他来这里一起过新年。但这个兄弟突然有事缠身来不了,这个变故,使得兜里一分钱都没有的斯宾塞变得窘迫起来。他的双脚不由自主地踱进一家银行。

一个女人走了进来。"爱米莉太太,又来存钱了。""不,这次是取钱。"女人回答,声音活泼而美妙,"我要取两万元。"

爱米莉从职员手里接过一大摞现金,转身时正好和斯宾塞热切的目光相遇,她朝着他友好地一笑。

斯宾塞一直尾随着爱米莉,看着她走进郊区的一栋木屋。入夜,风雪降临,狂风肆虐,屋子里亮着温暖的灯。斯宾塞摸到窗前,他听到了爱米莉清脆的声音,还有悦耳的童声。凭他老到的嗅觉断定此屋无男人,斯宾塞大喜过望,这样的偷窃简直就像回自己家拿钱一般容易。

"妈妈,我听到了雪的声音。""是的,孩子,下雪了。""那些可爱的小动物怎么样了?""它们像你一样都暖和地躺在妈妈的怀里。"没过一会儿,灯熄了,斯宾塞又等了30分钟,轻轻地拨开门。

借着微弱的手电光,斯宾塞四处搜索,屋子里的陈设极为简单。斯宾塞的手电光终于晃到了那件大衣上,它正挂在卧室的衣架上,旁边沉沉地睡着母女俩。

斯宾塞欣喜若狂,可就在他伸手取衣的时候,灯亮了,爱米莉愤怒地瞪着这个不速之客。

"太太,您要命还是要钱——我是说您和孩子两条命。"斯宾塞一边说一边准备去翻床边挂着的那件大衣,不料爱米莉突然扑了上来。钱肯定在大衣里!斯宾塞抬起脚朝爱米莉踹了过去,爱米莉发出一声惨叫倒在地上。叫声惊醒了孩子。"爱米莉妈妈,你怎么了?"一个漂亮的小姑娘从被窝里爬出来。

小女孩摸到爱米莉身边,"咯咯"笑起来:"爱米莉妈妈,你做梦了吗?你也在跟小蜜蜂说话吗?"孩子的话让爱米莉停止了呻吟,她爬起来把孩子抱到床上,说:"雪莉,家里来了客人,妈妈正跟他玩'官兵抓强盗'的游戏呢。"

雪莉一听是玩游戏,一双大大的眼睛在房子里张望起来。斯宾塞吼道:"别装蒜了,把钱拿出来。"他冲过去将孩子高高举起来。被举在空中的雪莉兴奋地笑起来:"妈妈,这个游戏真好玩,我现在像天使了吗?"爱米莉手足无措,她抓起床头柜上的纸和笔迅速在上面写了一行字递给斯宾塞:"求求你,不要伤害孩子,请不要戳穿这个游戏,我们有话好说。"

斯宾塞把孩子放下来,说:"好吧,现在你告诉我钱在哪里？"雪莉说："爱米莉妈妈，'强盗叔叔'为什么要钱呢？"爱米莉温和地说："他大概饿了。""妈妈，他真可怜，多给他一点儿钱好吗？把我储蓄罐里的钱也给他吧。""孩子，这只是个游戏，叔叔不会真的要我们钱的。"爱米莉出尔反尔，斯宾塞被激怒了，他抓住爱米莉的头发："告诉我，钱在哪里……"爱米莉颤抖着，却一声不吭。

丧失理智的斯宾塞摸出一把明晃晃的刀，睁着血红的双眼走向爱米莉，他要让孩子看着妈妈流血，让爱米莉崩溃，让她不再幻想这只是一场游戏。斯宾塞将刀举到爱米莉鼻子底下，他希望在动手前，爱米莉能放弃抵抗。但是爱米莉眼睛里写满愤怒和不屈，这样的眼神让丧心病狂的斯宾塞毫不犹豫地将尖刀深深地扎进爱米莉的大腿，同时大吼道："爱米莉，还不交出钱，你清楚我的刀接下来要刺向谁。"

"妈妈，为什么不给叔叔钱呢？"痛得直冒冷汗的爱米莉用更加温和的声音说："雪莉，做什么事都要坚持到底，即使是做游戏。"

如此痛苦的人还能发出那么温柔的声音，斯宾塞大出意外。就在斯宾塞发愣的时候，爱米莉又快速写下这样一行字："如果拿走我的命，能让你留下孩子和钱，那你动手好了。"接着爱米莉在纸上写道："我答应新年过后就带雪莉去治眼睛，我本不该让她来到这个世界上。她的父亲5年前伐木时出了意外，我因为过度悲伤使胎儿受到损害,医生建议我不要留下她,可是我不能在失去丈夫之后又失去女儿。上帝保佑,她很美丽,只是眼睛看不见。"

斯宾塞将目光慢慢地转向女孩,小姑娘好像看得见一样转过来正对着他,脸上充满了期待,那种天真、纯真重重地撞击着斯宾塞的心灵。

爱米莉接着写道:"雪莉一直活在我描述的世界里。她不知道这个世界有罪恶,她一心期待能看到她养的小牛犊长什么样,在后山上鸣叫的小鸟长什么样,如果你拿走了那些钱,孩子的希望就会破灭。请别用这种方式叫醒我的孩子。"

斯宾塞的眼睛再次转向孩子,那眼睛里没有一丝阴影和杂质。就是这一眼的对视,斯宾塞突然感到刚才那种杀气如潮般下去了,那充满欲望的灵魂瞬间化为一堆灰烬。他突然俯下身,像变了个人一样,拿出自己的手帕替爱米莉包扎好伤口,然后他转身慢慢地靠近雪莉,将她高高地举向空中,孩子"咯咯"笑起来。

将孩子放下来,斯宾塞故作轻快地说:"太太,我该回去了,打扰了您和孩子的休息。"

从那以后,斯宾塞四处打探诊治盲童的消息。当他听说千里之外的法国,公布了名为TVSS(触觉-视觉替代系统)的科技成果,就向法国路易斯·巴德大学写了一封长信。信上详尽描述了风雪之夜所发生的一切，最后他说："生活美不美好，关键在于我们的眼睛往哪看，如果眼睛看到的是美好和善良，那么生活也会同样如此。"

这封信感动了路易斯·巴德大学的专家，他们一致同意帮雪莉去"看"她期待的世界，因为从孩子的眼睛里，人们可以找到天堂。

永远铭记那个装裱工

宽敞的画室里，静悄悄的。

初夏的阳光从窗口射进来，洒满了摆在窗前的一张宽大的画案。画案上，平展着一幅装裱好并上了轴的山水中堂。右上角上，写着五个篆字作画题：南岳风雨图。

年届六十的知名画家石丁，手持一柄放大镜，极为细致地检查着画的每个细部。他不能不认真，这幅得意之作是要寄往北京去参展的。何况装裱这幅画的胡笛，是经友人介绍，第一次和他发生业务上的联系。

画是几天前交给胡笛的。胡笛今年四十出头，是美院毕业的，原在一家幻灯厂当美术师，能画能写。后来下海了，在湘潭城开了一个小小的裱画店，既是老板又是装裱工。同事们都说胡笛的装裱技艺比一些老辈强，且人品不错，何必舍近求远，送到省城的老店去装裱呢？

画是胡笛刚才亲自送来的，石丁热情地把他让进画室，并沏上了一杯好茶。石丁是素来不让人进画室的，之所以破例，是要当面检查这幅画的装裱质量，如有不妥的地方，他好向胡笛提出来，甚至要求返工重裱。

胡笛安闲地坐在画案一侧，眼睛微闭，也不喝茶，也不说话。

石丁对于衬绫的色调、画心的托裱、木轴的装置，平心而论，极为满意。更重要的是这幅画没被人仿造——有的装裱师可以对原作重新临摹一幅，笔墨技法几可乱真，然后把假的装裱出来，留下真的转手出卖。石丁的画已卖到每平方尺一万元，眼红的人多着哩。眼下，画、题款、印章，都真真切切出自他的手，他轻舒了一口气。且慢！因为他是第一次和胡笛打交道，对其人了解甚少，不得不防患于未然，故在交画之前，特地在右下角一大丛杂树交错的根下做了暗记，用篆体写了"石丁"两个字，极小，不经意是看不出来的。石丁把放大镜移到了这一块地方，在杂树根部处细细寻找，"石丁"两个字不翼而飞。又来来回回瞄了好几遍，依旧没有。

石丁的脖子上，暴起一根一根的青筋，他万万没有想到这居然不是他的原作，而是胡笛的仿作。这样说来，胡笛的笔墨功夫就太好了。他从十几岁就下气力学石涛，尔后走山访水，参悟出自家的一番面目，自谓入乎石涛又能出乎石涛，却能轻易被人仿造，那么，真该焚笔毁砚、金盆洗手了。

就在这时，胡笛猛地睁开了眼睛，笑着说："石先生，可在寻那暗记？"

石丁的脸忽地红了，然后又渐渐地变紫，说："是的！这世间小人太多，不能不防啊。"

胡笛端起茶杯，细细啜了一口茶，平和地说："您设在杂树根部处的暗记，实为暗伤，是有意设上去的。北京城高手如林，若有细心人看出，则有污这一幅扛鼎之作。您说呢？"

石丁惊愕地跌坐在椅子上，问："那……那暗记呢？"

胡笛说："在右下部第五重石壁的皴纹里！令'石丁'两个字很有骷髅皴的味道，我把它挖补在那里，居然浑然一体。树根部空了一块，我补接了相同的宣纸，再冒昧地涂成几团苔点。宣纸的接缝应无痕迹，补上的几笔也应不会丢先生的脸。"

石丁又一次站起来，拿起放大镜认真地审看这两个地方。接缝处平整如原纸，这需要理出边沿上的纤维，彼此交错而"织"，既费时费力，又需要有精到的技艺。而补画的苔点，活活有灵气，更是与他的笔墨如出一途。他不能不佩服胡笛的好手段！

石丁颓然地搁下了放大镜。

胡笛站起来，说："石先生，裱画界虽有个别心术不正的人，但毕竟不能以偏概全。暗记者，因对人不信任而设，我着力去之，一是为了不玷污先生的艺术，二是为了我们彼此坦诚相待。谢谢！我走了。"

胡笛说完，很从容地走出了画室。

石丁发了好一阵呆，才记起还没有付装裱费给胡笛。正要追出去，又停住了脚步，家里还有好些画需要装裱，明日一起送到胡笛的店里去吧!

他决定不将《南岳风雨图》寄去北京参展,他要把它挂在画室的墙上,永远铭记那个让他羞愧万分的暗记。

它让我对粮食
充满敬意

这事发生在全国闹饥荒的年代。

我们村有陈、李、杨、郭、殷5姓一千一百余口人,其中陈李两家为大姓,占了全村人口的百分之九十。

我家便姓陈。族里有个出了五服的老爷爷,叫陈文成,他辈分极高,我爷爷还得管他叫爷爷。穷人家孩子多,他老婆一口气生了7个儿子,最小的孩子大家都称为"七爷",刚三岁。

那年天大旱,地里种别的粮食不见收成,只能种地瓜。种地瓜要育瓜苗。为了来年春天能种上地瓜,冬天就得开始育苗。农村人的土办法是用火炕育苗。把地瓜放在土炕上,盖上被子,炕下面烧火控制适宜的温度,让地瓜发芽。

几万斤地瓜堆在一间大屋里,释放出的香甜的气息,对每一个饥肠辘辘的人都是一种致命的诱惑。而这几万斤地瓜育出来的苗,关系到全村一千一百多人明年一年的口粮。因为陈文成的忠厚老实,在村里有口皆碑,生产队决定让他负责烧地瓜炕。

不久村里有人议论说,陈文成家吃饭的嘴最多,让他去烧地瓜炕,满炕地瓜不被他偷光才怪呢。还有人绘声绘色地说,某日晚上，乌云蔽月，看到陈文成背着沉甸甸一个筐鬼鬼祟祟地往家里走……

不过这些毕竟是捕风捉影的事，陈文成偶尔听见了，也只好装聋作哑。

这年冬天特别漫长。饥寒交迫中，村里饿死个把孩子之类的事已经不稀奇了。晚上听到村后乱坟岗上传来隐隐的哭泣声，人们也习惯了。可是当人们听说陈文成家的7个孩子，已经只剩下4个的时候，还是惊讶得合不拢嘴。陈文成家饿死了三个孩子，这怎么可能呢？生产队长决定去地瓜炕问问陈文成。更惊讶的事发生了，守着满满几炕地瓜，陈文成竟然饿得躺在炕下爬不起身来。他听到动静，转动着一对呆滞无神的眼珠，茫然地望着掀开门帘进来的队长。

队长找来人，用门板把陈文成抬回家。原来，陈文成不想让剩下的4个孩子再饿死，这两天把自己的那份地瓜都给孩子们吃了，自己饿了就喝口水。一块地瓜能救活一个孩子，可陈文成竟然没动过一丝偷的念头，他宁可眼睁睁地看着三个孩子先后饿死。队长一拍大腿嚷道：这样的好人饿死了天理难容，大家牙缝里再挤一点，队里多给他家一口人的粮食！

周遭只有一片抽泣声，没有一个人反对。

这个发生在遥远的岁月里，带着悲壮色彩的"挨饿"故事，对我的一生影响极其深远。它让我常常记取，一粥一饭，当思来之不易；它让我养成吃饭时捡起饭桌上掉下的每一粒米饭的习惯；它让我对粮食充满敬意。至于我的老爷爷陈文成，他高大伟岸的身影，永远立在我的心中。

04

大爱总是无痕

大爱
总是无痕

故事发生在美国西部的一个小镇上。那天，狂风夹带着雪花，提前送来了寒冷的夜晚。

鲁兹太太开始费力地关店门。自从丈夫鲁兹走后，她独自经营着这个零售店已经十多年了，只要她想，她总能在这屋子里看到鲁兹熟悉的身影，仿佛他从没有离开过这里一样。她实在是舍不得把这个小店盘兑出去，尽管她已经是70岁的老人了。

有个年轻人急促地闯进来，递上50美元，说要一份热狗和一杯牛奶。

在接过那张钞票的一瞬间，凭经验鲁兹太太断定那是张假钞，在黑市用5美元就可以搞到。她瞟了年轻人一眼，他低垂着头，神情倦怠，衣着单薄，一副穷困潦倒的模样。那该是一个失业的流浪汉，鲁兹太太在心里思忖着。"能换一张吗？或者给我零钱？"鲁兹太太不动声色地问道。

年轻人开始紧张慌乱起来，脸上泛起了红晕，像个做错事的孩子，头垂得很低，窘迫、羞愧得不知所措。他嗫嚅了半天说："没有，太太，我只有几美分，我……我很想要一份热狗，我一整天没有吃东西了。"

这是一个还没有丧失羞耻感的孩子,鲁兹太太在心里这样评判着眼前的年轻人。能害羞,说明他知荣明耻,才会内心不安于心不忍。或许是失意让他暂时迷失了自己,对这样的孩子也许一块面包的温暖远比一声顿喝更有震撼力。

想到这儿,鲁兹太太不再迟疑,马上找零钱。在年轻人转身离开的当口,鲁兹太太忽然大叫一声,手捂着胸口踉跄了几下。年轻人吓坏了,赶紧上前扶着老人。"快!"鲁兹太太把那50元的假钞塞到年轻人手里:"到盛大诊所买药,就说鲁兹太太病了。"

年轻人走后,鲁兹太太麻利地抓起电话,打到那个诊所,那是她弟弟开办的。鲁兹太太在电话里说:"如果有个年轻人来给我买药,给他三四十美元的药好了。另外,他手里有一张50美元的假钞。"

如果他是个善良、富有爱心和责任感的孩子,他就一定能回来。鲁兹太太默默地祷告着,她真的不希望他"走"得太远。

不一会儿,诊所的电话打过来了,告诉鲁兹太太年轻人已经拿着药走了,没有用假钞。

鲁兹太太长吁了一口气,庆幸自己没有看走眼,她禁不住喜形于色。

那个夜晚,年轻人不离左右地陪伴着"病中"的鲁兹太太。天亮后,鲁兹太太感激年轻人"救"了自己,竭力挽留要离开的年轻人，恳求他帮她照看几天零售店。

几天过去了，几年也过去了，那个小零售店变成了小超市，小超市又有了子超市，而年轻人也一直陪伴着鲁兹太太走完了她生命的最后一程。随着小超市星罗棋布地展开，那个年轻人的名字也渐渐地被人所熟知，他就是在美国靠零售改变的怀特。

鲁兹太太临终时说："善良让我们彼此都找到了灵魂的归宿，互惠共生。"其实怀特知道，不仅是善良更是鲁兹太太富有智慧的爱，牵引了他的心，让他感恩至今。那个风雪之夜，鲁兹太太用心智营造了一个美丽的契机，用善意的谎言让他体面而又不失自尊地接受了她的帮助，她用善良给予了他生活的温暖。

"大音希声，大象无形"。而大爱也总是无痕的，因为它蕴涵了智慧的灵光，不彰显，也不哗然，却高尚持久，如润地无声的涓涓细流，如吹而不寒的杨柳和风，给人最贴切的关怀，却不留任何痕迹。

救别人
等于救自己

他喜欢打猎,每年休假都外出上山打猎,有时一个人独自去,但大多数时间是和朋友结伴去。这一年,正好他的堂兄和他一起休假,他们俩就约好一起去。他们准备好行装,乘车去了北部大森林。

这是一片原始森林,一望无际,树木茂密,每一棵树木都比他们的年龄长,是非常好的捕猎地,有许多野兔、山鸡之类的小动物,引来许多游人。但是据当地的人说,林子里也有虎、狼这些凶猛的动物,所以来这里打猎的人一般都结伴而行,一般不去林子深处。

他和堂兄进到林子里,一路上,结伴而行,寻找猎物。进山的第三天,他们一大早就打到了一只野鸡,紧接着又发现了一只野兔,可是野兔也发现了他们,撒开腿拼命地奔跑,他们就在后面追,和野兔在大森林里赛跑。追了很远,最后他们累得实在跑不动了,才停下来。坐在地上休息了一会,然后顺着原路返回。到了中午时分,他们还没有回到宿营地,按走的时间推算,他们早该到了,一定是走错路了。他们又返回去找,他们努力回想,凭着记忆,走过一片片树木,寻找他们的宿营地。可是直到天黑,他们还没有找到,他们知道自己彻底迷路了。他们内心充满了恐惧,他们带的指南针、水和食物都在宿营地里的背包里。在这样的原始森林,如果没有指南针,是很难走出去的。

天已经完全黑下来了,他们相互依偎着在树下熬过难挨的夜晚,想着如何走出大森林。他们内心很清楚,他们现在唯一的财产就是早晨出来时每个人随身带的一壶水,而要走出大森林就全靠它们了。第二天他们早早起来,看着日出,辨别方向,然后开始向南走。他们希望这是真正的南向,因为只有向南走,才可以走出这片大森林,才可以回家。

中午的时候,两个人又累又渴又饿,坐下休息一会儿,喝了一口水,然后继续走。走了一会儿,看到前面不远处大树旁有一团黑乎乎的东西,走过去一看,发现是一个人,一个满脸皱纹和他们父亲年纪相仿的老人。老人紧闭着双眼,躺在大树下。他蹲下身把手放到老人的鼻孔,发现他还活着。"看样子和我们一样,来这里打猎迷路了,大概是饿昏了。"他回头对堂兄说,然后拿出身上的水壶,想扶起老人给他水喝,堂兄把他拦住了。

"不能给他喝。我们只有这一点水,还不知道能维持几天,再说,你知道他是什么人?你知道我们救了他,他会不会把我们俩杀了抢我们的水喝?你没听说过农夫和蛇的故事吗?我们还是走吧。"

堂兄起身拉着他就走。他回身望了老人一眼,想想堂兄说的话也有道理，就跟着堂兄走了。可是，他越走脚步越沉重，眼前总是浮现出昏倒在树下的老人那布满皱纹的脸。每向前走一步，他的心就像被什么东西割一下似的难受。终于，他再也忍不住了，停下来，对堂兄说："我们应该回去救那个老人，我们遇到他却不去救他，就等于是我们杀死了他。"

"可是我们自己还不知道能不能活着走出去。我们救了他，就算他不会害我们，也会拖累我们，最后可能大家都得死。"

"可是如果我不回去救他，即使能活着出去，我的良心也会谴责我，我一辈子都会为这件事受折磨。我决定还是回去救他。"

"要回去你一个人回去吧，我是不会回去的。"堂兄坚定地说。

他看了堂兄一眼，转过身，坚定地沿着刚才走过的路往回走，找到那个昏倒在树下的可怜的老人，轻轻地扶起他的头，把壶里的水一滴一滴倒在他干裂的嘴里。

过了很久，老人终于醒过来了。他慢慢睁开眼，充满感激地望着他。

接下来发生的事，完全出乎他的意料：老人不是从别处来这里打猎的，他是一名向导，他从小就生活在这片大森林里，熟悉这里的每一片树木，为许多来这里考查的地质学家、打猎的游人带过路，他是这里唯一一位不用带指南针而能穿越这片大森林的人。

老人醒来后，带着他很快就走出了大森林。而他的堂兄，却永远地留在了这片大森林里，他再也没有见到他。

你的善良
可以救你

  是个雨夜。天林走在雨中，路上几乎不见行人，在这寂寥的雨夜，走在这寂静的街头，天林有点怕。他提包里有五万元现金，带这么多钱原本是想提货，可货主一直没来。

  万一碰到拦路抢劫的怎么办？他这样想，不由往后一看，头皮一麻，心猛然提到嗓子眼，身后真的跟着一个穿黑雨衣的人。天林加快了脚步，身后那人也加快了脚步，天林慢下来，身后的人也慢下来。

  十字路口，天林拐进一条平时很热闹的街道。他看见前面有个人，脚步不由加快了，想赶上那个人。就在这时，飞来一辆小车，只听见"啊"的一声惊呼，前面那个人倒下了。天林愣了，清醒过来便大声喊："压人了！压人了！"可那小车早不见踪影了。

  天林跑上前，抱住那人，大声喊："救命啊！救命啊！"可没人应，天林的伞被风卷走了，片刻，他就成了落汤鸡。穿雨衣的人过来了。

  来了一辆车，天林站在路中间，不停地挥手，可那车往路边一拐，呼的一声飞过去了，车轮溅起的泥水撒了天林满脸。他蹲下,把那昏迷的人从雨水中抱起来,对穿雨衣的人喊:"我们不能眼睁睁地看着人死。你过来帮下忙,我背他去医院。"他早忘了那穿雨衣的是啥人。

穿雨衣的人过来帮忙把那人扶上天林的肩膀,天林背着那人就跑。他的手腕上还吊着那只黑提包,一跑提包就上下左右地晃,他托着那人屁股的手就沉了许多。他对那穿雨衣的人说:"这包沉,你帮我拿着。"自己背着那人没命地朝医院跑去。

又一道刺眼的白光,又来了一辆车,天林忙站到路中间。这回,车停了。司机打开车门说:"快上车。"穿雨衣的人也跟着上了车。

很快到了医院门口,天林同穿雨衣的人抬着那人进了医院。医生说:"先交2000元钱。"天林从穿雨衣的人手里拿过提包,交了钱。那人被推进了急救室。

天林这才认真看了眼穿雨衣的人,伸出手,笑道:"兄弟,认识一下,我叫天林。"那人说:"我叫黑子。"两双手紧紧握了握。

等了很久,急救室的门开了。天林和黑子忙迎上去:"医生,怎么样?"医生说:"脱离危险了。"天林和黑子都松了口气。

天林说:"黑子,你猜我当初把你当成了什么人?"黑子说:"拦路抢劫的坏人。""你咋知道?"黑子低下头,啜嚅着说:"其实我真的是个坏人。我跟随你那么久,就是想要得到你的提包。"天林说;"那你怎么没……"黑子说:"我刚想下手，就发生了这事。""可是后来你还帮着我拿手提包，那时你如果撒腿跑掉，我一点办法都没有。"天林说着望了黑子一眼。黑子忙看地下，说："后来，我改变主意了。"天林问："为啥？"黑子说："说给你听也无妨。我小时有个幸福的家，可在我12岁那年，母亲遭车祸死了。那肇事的司机逃了，母亲躺在地上一个多小时，许多人围观，就是没人救。母亲死后，父亲的脾气变得极坏，总是喝酒，喝醉了就打我，下手极狠。14岁那年，我就逃了出来，四处流浪，进过两回看守所。这回看到你救这遇车祸的人，我心想，我母亲那时要能遇到你这样的好人就好了……"黑子哽咽得再也讲不下去了，脸上满是泪。

　　遇车祸的家里人来了，天林和黑子才回家。

　　雨还没停，天林说："打车走吧，我再也走不动了。""这么晚哪有'的士'？"黑子说。"会有的。再说这么大的雨，会淋病的。"天林说着打了个喷嚏。黑子忙脱下自己的雨衣，说："穿上吧。"天林就看到了黑子腰里的匕首。黑子把它取下来，从刀鞘里抽出闪着寒光的匕首，天林打了个寒战，眼里流露出一丝恐惧。黑子说："这匕首再也用不着了。"随手一扬，那匕首划了道亮亮的弧线，"喔"的一声落进池塘里去了。黑子说："如果你这回没救这遇车祸的人，那你早躺在血泊中了。你该感谢你的善良，是你的善良救了你，我也感谢你的善良，要不我又成了一个罪人。"

　　这时，一辆亮着灼眼灯光的"的士"来了。

给母亲
最好的礼物

森林被皑皑白雪覆盖着,寒风从松树间呼啸而过。汉森太太和她的三个孩子围坐在火堆旁,她倾听着孩子们的说笑,试图驱散自己心头的愁云。

一年多来,她一直用自己无力的双手努力支撑着家,但日子一直很艰难,正在烧烤的那条青鱼是他们最后的一顿食物。当她看着孩子们的时候,凄苦、无助的内心充满了焦虑。

几年前,死神带走了她的丈夫。她可怜的孩子杰克离开森林中的家,去遥远的海边寻找财富,再也没有回来。

但直到这时她都没有绝望。她不仅供应自己孩子的吃穿,还总是帮助穷困无助的人。虽然,她的日子过得也很艰难,但是她相信在上帝紧锁的眉头后面,有一张微笑的脸。

这时,门口响起了轻轻的敲门声和嘈杂的狗吠声。小儿子约翰跑过去开门,门口出现了一位疲惫的旅人,他衣冠不整,看得出他走了很长的路。陌生人走进来,想借宿一晚,并要一口吃的,他说:"我已经一天没吃过东西了。"这让汉森太太想起了她的杰克,她没有犹豫,把自己剩余的食物分了一些给这位陌生人。

当陌生人看到只有这么一点点食物时,他抬起头惊讶地看着汉森太太,"这是你们所有的东西?"他问道,"而且,还把它分给不认识的人?你把最后的一口食物分给一位陌生人,不是太委屈你的孩子了吗?"

她说:"我们不会因为一个善行,而被抛弃或承受更深重的苦难。"泪水顺着她的脸庞滑下,"我亲爱的儿子杰克,如果上帝没有把他带走,他一定在世界的某个角落。我这样对待你,希望别人也这样对待他。今晚,我的儿子也许在外流浪,像你一样穷困,要是他能被一个家庭收留,哪怕这个家庭和我的家一样破旧,他一样会感到无比的温暖的。"

陌生人从椅子上跳起,双手抱住了她,说道:"上帝真的让一个家庭收留了你的儿子,而且,让他找到了财富。哦!妈妈,我是你的杰克。"

他就是那杳无音讯的儿子,从遥远的国度回来了,想给家人一个惊喜。的确,这是上帝给这个善良母亲最好的礼物。

有种职业叫"灯塔"

在日本北海道附近海域,生长着一种名叫船鱼的鱼种,它们成群结队,在浅海里生活着。

当地渔民最喜欢捕食船鱼,但在一个小渔村里,这种鱼却是"圣鱼",不能随意捕杀,如果它们被渔网打上来,就应放生。这个小渔村里的人认为,如果捕杀船鱼,他们驾船出海时,就会遭遇恶浪,遭到船鱼的惩罚。

一个小渔村的风俗,显然不能左右当地渔民的捕鱼习惯。但是这个小渔村一直不肯妥协,每到渔猎季节,小渔村就会派出一位德高望重的老者到港口规劝渔民。

没有人听信老者的话,他们早晨驾船出发,晚上捕了船鱼回来,大海上一直风平浪静。

但是,这个小渔村仍然坚守着这条规矩,每当前一位老者年老体衰,小渔村就会再选派出一位老者,继续他们的规劝工作。

这样的风俗延续了上百年。

直到有一年,日本有一位渔政长官偶尔踏上了这片偏僻的土地,偶然遇到了正在规劝渔民不要猎捕船鱼的老者。

渔政长官十分奇怪。

这种船鱼并非在禁捕之列，而是浅海中十分普通的鱼种。当他得知这个小渔村为了禁止其他渔民捕杀船鱼，已经规劝了上百年，他十分震撼。

渔政长官后来就派遣渔业专家作了一次调查，发现船鱼在海洋污染和渔民的大量捕猎下，种群急剧下降。在渔政长官的建议下，当地渔民开始限量捕杀船鱼。

这则消息传到那个小渔村，小渔村沸腾了，人们奔走相告，欢庆这个喜讯。

日本有家电视台采访了这个故事，并把最后一位规劝他人不要捕杀船鱼的老者请到了电视台。老者说，村人把自己的职业叫"灯塔"。因为"灯塔"虽然很小，很不起眼，但却可以引领船只的航线。

节目播出后，许多观众被这个故事深深打动了。一个人只要坚守，即使你再渺小，你也会成为一座大海中的灯塔，慢慢地开始引领航船的方向。

心灵深处的那根弦

1974年，巨大的灾难，使孟加拉国遭受了前所未有的重创，并且因此带来了大面积的饥荒。成千上万的农民争相涌入城市，以期能找到属于自己的生存之地。但无情的现实，使他们之中很多人抛尸荒野，只能被清理车运走。最终，他们不得不放弃外逃的念头，留在家乡。

年轻的大学教授尤努斯在这个时候从美国回到了自己的国家，刚好亲眼目睹这一切。贫困、凄惨、恐怖等残酷的现实，强烈地冲击着他的心灵。那一刻，他突然感觉到自己以前在课堂上学习的一切知识，在这个蒙受巨大损失的国度里，显得那么的脆弱。尤努斯立志要改变这个无情的局面，把人们从苦海之中解脱出来。

一次偶然的机会，他遇到了一个30岁左右的农妇。农妇的丈夫，因为外出寻找用以维生的食物，惨死在虎口之中。她8岁的儿子，因为饥饿，最终离她而去。而她自己，本来可以靠自己的手艺，编织一些手工艺品拿到集市上卖，但屡屡因为没有原料而受挫。

尤努斯从身上拿出一些钱，递到农妇的手上，希望她能利用这笔钱，改变自己的生活。农妇突然泪如雨下，颤抖着双手，接过他带有体温的钱，执意要知道他的名字。尤努斯微微一笑，只好将自己的名字告诉了她。农妇临走的时候，猛然跪在了他的面前，说："好心的先生，这笔钱，我一定会还给你。"

人们知道这件事后，对尤努斯的所作所为感到难以理解。在这种处境下，每个人自顾还来不及，他竟然还傻得把钱给了别人。更何况，那农妇根本不会还他这笔钱。对此，尤努斯从未放在心上，他根本就未奢望过那个农妇能还他的钱。他所做的，只是源于他的一颗怜悯的心。

然而，没想到的事情终于发生了。三个月后的一天早晨，那个当初受他帮助过的农妇竟然找上门来，亲手将钱还给了他。

这件事，尤努斯没想到，当初嘲笑他傻的那些人更是没想到。

经过此事之后，尤努斯摸索了帮助穷人的方法，他意识到，如果他能借给村民一点启动资金，向他们提供小额贷款，帮助他们谋生，农民的窘境将会很快得到改善。

尤努斯作了一个惊人的决定，辞去了大学教授的工作，四处筹措资金，成立了自己的银行，向所有急于谋生的农民提供小额贷款。更让人们没想到的是，尤努斯的银行提供的小额贷款，贷款人不需要任何担保手续和任何的抵押物，最多就是留下自己的姓名。

尤努斯此举立即在业界引起了轩然大波。众多银行人士认为，尤努斯的银行的这种操作方法完全是自取灭亡，根本无法推广。因为，当初那些没有办理任何担保手续、没有任何抵押物的贷款者，谁也不会傻到如期还钱。所有人都认为，尤努斯的银行，顶多能支撑一年就会倒闭。

尤努斯顾不上业界的各种流言飞语，仍然加大资金投入，向更多贫困者发放所谓根本就收不回来的贷款资金。并且，他的银行规模越做越大，很快又在其他城市设立了分行，越来越多的人，从尤努斯创办的银行中获得了贷款。尤努斯的做法，震惊了整个国家。在人们眼里，他的行为，完完全全就是疯子的行为。

然而，一年之后，人们发现，尤努斯创办的银行不仅没有一家倒闭，反而发展的势头显得更加迅猛。20世纪80年代末，尤努斯正式把银行命名为孟加拉格莱珉银行。截至2004年，在短短30年内，孟加拉格莱珉银行平均每年向660万人发放了贷款，资金更是高达8亿美金。更让人们感到震惊的是，孟加拉格莱珉银行创造了一个世界上任何一家银行都没有过的奇迹——30年来，孟加拉格莱珉银行的所有贷款人中，还款者的比例高达99%，居世界第一位。

2006年，这位全名叫做穆罕默德·尤努斯的银行家，获得了举世瞩目的诺贝尔和平奖。

当问及孟加拉格莱珉银行成功的经验时，穆罕默德·尤努斯微笑着说:"32年来,我最大的成就不是成功地挑战了银行体制,而是我始终认为,穷人虽然没有任何的抵押担保,但我相信他们都有靠自己手艺谋生的能力,都会如期还钱。因为,在这种能力的背后,更让我相信的是人性的光辉,还有每个人心灵深处那根善良的弦。"

让资助
落到实处

大学同学阿伟来访，我和几个朋友一起为他摆宴接风。席间，有人提议，要在市教育部门工作的阿伟讲点儿"行业内幕"，以助酒兴。阿伟迟疑了一下，说："我给你们讲一个我碰到的真实故事吧。"

"两年前，为了帮助贫困山区的孩子们读上书，我们的教育部门在市里的一所大学搞了一次'一对一'活动，就是鼓励在校的大学生与贫困山区的孩子们结成对子，在精神和经济上对孩子们实施帮助，让那些失学或是即将失学的孩子重新看到希望的曙光。本来是抱着试试看的态度去的，没想到方案一公布，报名的学生极其踊跃，短短的一天，就接到了一百多名学生的申请。为了让资助活动落到实处，我们对报名的学生都认真登记，建立了档案，内容包括学生的姓名、班级、家庭状况以及在校的勤工俭学等情况，目的是在资助与被资助者之间搭起一座沟通的桥。"

"活动结束后，我们准备离开，还没等上车，一个学生气喘吁吁地跑了过来，一见面就说：'我也要参加这项活动！'我冲他抱歉地笑笑，说：'等下次吧。'他说什么也不肯走，坚持要我们给他一个机会。没办法,只好递给他一张申请表,没想到他看了一眼,又把表还了回来:'我不想留个人资料'。'不留个人资料我们怎么让您跟资助对象联系呢?'我有点诧异。'我不需要跟他联系,'他解释说,'您只要把需要资助的学费数目告诉我就行了,我把钱邮给你们,你们代我转交,好吗?'"

"这真是一个特别的学生,搞这种活动好几回了,我还是第一次遇到。望着他诚挚的眼神,我不忍心拒绝,只好答应了。可是,回去后,责任心促使我又通过别的渠道了解了一下这个学生的情况,结果让我大吃一惊。这个学生读大二,老家也在山区,而且相当贫困,大学一年级的学费还是他用助学贷款交上去的。在学校,他一直靠勤工俭学赚取生活费。这样一个连自己都几乎要靠人资助的人,怎么会想到去资助别人?他又拿什么去资助别人?是一时的冲动还是别的什么?我的心情沉重起来,觉得有必要找他谈谈。"

"听完我的疑虑,他的脸红了,忸怩得像个女孩子,犹豫了好一阵才说:'不瞒您说,我家里的确很穷,我上高中的学费和生活费都是村里人一元一角凑起来的,正因为这样,念了大学后,我就在心里存着一个愿望,不管多么困难,一定要学会帮助别人,就像那些曾经帮助过我的热心人一样。'"

"我被他近乎朴素的念头打动了,甚至再也想不出什么理由去拒绝他。就这样,我充当起了他与一个山区孩子之间的信使,每个学期把他资助的钱邮给孩子,再把孩子的感谢和祝福捎给他,风雨无阻。两年很快过去了,他也该大学毕业了。毕业前,教育系统举行了一次见面会,让两年前参加申请的一百多名大学生和他们资助的对象见次面。在我的极力邀请下,那次见面会,他也去了……"

"你们知道,他资助的对象是谁吗?"阿伟打了个埋伏。我们面面相觑,都摇了摇头。

"是他的弟弟!他的亲弟弟!"阿伟的声音突然变得激动起来,"那天,当我把他资助的孩子领到他面前时,他呆了,知道结果后,我们也都呆了!善有善报,佛家的话真是应验了啊!"

阿伟停下来,轻轻地啜茶。我们都不说话,我看见,刚才还兴致勃勃的一桌人,眼里忽然间都有了泪花。

只要努力，
就不会白费

有一年夏天，我驾驶着汽车从家乡加利福尼亚前往新奥尔良。行至沙漠中间，我遇到了一个年轻人。他正站在路边，向我张望着。他一只手拿着汽油桶，另一只手做出了想要打车的手势。但是，我并没理会他。

"会有人停车载他一程的，"我在心里为自己辩解，"而且，他手里的汽油桶也许是拦截好心司机并且抢劫他们的一个幌子。"开出几个州后，我仍想着那个想搭车的人，不禁为自己就那么让他一个人留在沙漠里面后悔，然而，让我更加懊恼的是我竟变得如此麻木不仁。这时，我不禁又想到了我此行的目的地——新奥尔良，田纳西·威廉姆斯的剧作《欲望号街车》就是以此地作为背景的。我还记得剧中女主角的那句著名台词："不管你是谁，我总是依赖陌生人的仁慈。"

陌生人的仁慈？如今，还有谁会去依赖陌生人的仁慈呢？

对于这个问题，是有办法可以测试其结论的。那就是让一个人身上不带一分钱地穿越整个美国——他会遇到些什么样的美国人呢？

这个想法激起了我的极大兴趣，为什么我不去试试呢？

就在37岁生日前的那个周末,我早早地起床了,背上一个50磅重的背包,来到了我此次行程的起点:金门大桥。然后,我从背包里拿出一张我事先准备好的标签,向过往的车辆展示我此行的目的地:美国。

此后的6个星期里,我一直努力寻找着答案。我一共搭了82次便车,行程4223英里,足迹遍及14个州。旅途中,我发现人们和我一样,对其他人心存戒备。每到一个地方,人们总是告诫我要警惕其他地方的人。

然而,事实并非如此。我所走过的每一处,人们对我都非常友善。通过这次旅行,我不禁对美国人帮助陌生人的执著精神感到吃惊——尽管他们知道这样做会有损于自己的最佳利益,但他们仍旧坚持这么做。

在爱荷华州,为帮助我找到露营场所,一对中年夫妇带我转了一个小时;在南达科他州,有一户人家不仅留我借宿,女主人还给了我两张贴好邮票的明信片;得知我身无分文,一位女士给了我两包全麦饼干、两听苏打水、两个金枪鱼罐头、两个苹果和两块鸡肉,那真是一顿丰盛的午餐啊,简直可以和圣经故事中诺亚方舟上所带的食物相媲美了。

一天,我来到位于田纳西州一家当地的商会。我走进这栋古老的石头房子,一个男人看到了我,他立刻从凌乱不堪的办公桌后面站起来:"快请进!"他叫巴克斯特·威尔逊,59岁,是这家商会的常务董事。

我向他打听本地有哪些露营场所，他递给我一本露营场所指南，说道："在这儿的南面，大约有10英里路程，我有一个很大的农场。如果您能在这儿等到5点半，就可以和我一起乘车过去。"我接受了他的提议。5点半，他开车带我来到了一幢豪华的乡村住宅前，原来他是邀请我去他家过夜的。他的妻子卡罗尔正在煮肉。她是一位七年级的科学老师，十分美丽优雅。

翌日清早，卡罗尔问我是否愿意去她所在的学校，为学生们讲述一下我的旅行情况。我答应了她的请求。来到学校，我把这次旅行经历告诉了孩子们。他们都很有礼貌，听得非常专注。之后，问题就接踵而至了。他们问道：哪儿的人最善良？你有几双鞋？有人想超过你吗？其他地方的猪蹄也像我们这儿一样好吃吗？你曾和谁坠入了爱河吗？最令我欣喜的是，一个脸上长着雀斑的小女孩问我："你想和我们一起吃午饭吗？"

后来，卡罗尔告诉我，在我的那些小听众里，有个孩子平时非常害羞，课后，他却大声宣告："长大后我也要当记者，像他那样走遍全国！"

听了卡罗尔的话，我被深深地感动了。离开旧金山时，我想的只是我自己，只是我的旅行，从没想到我的旅行会影响到一个田纳西的孩子——而这也一直提醒着我，不管怎样，只要努力了，我们的努力就不会白费。

如果我是一名老师

琼斯老师面对突发事件的泰然自若与有效的沟通方法是她令学生着迷的原因之一。当你在课堂上行为出轨,她会用一种特殊的方法使你自然回归,这种方法是爱与关心。让我与你一起分享那个课堂上的特殊时刻,那个时刻已成为我生命中的雕像。

那天英语课上,我们七年级的六个学生围坐在一起读课文。琼斯老师站在我们身边,仔细聆听我们的每一个读音。汤姆和我们坐在一起,当时他的脸上挂着古怪的笑容。直觉告诉我,马上就有事发生了。汤姆开始吃吃地笑,然后我注意到他在努力使他的脸保持平静。

我看了一眼琼斯老师。她也注意到了汤姆的异样。汤姆不时吃吃地笑,勾起了她的好奇心。

"汤姆,是什么这么有趣?"她问汤姆。

"没什么,琼斯老师。"汤姆答道。

"你不愿意和我们一起分享你开心的源泉吗?"她问道。当汤姆向她解释说他只是想笑时,我们都笑了。我们都了解汤姆,我们知道好戏还在后头。

这个场面相持了一会，汤姆突然哈哈大笑起来，如山洪暴发一般。琼斯老师马上叫汤姆把书递给她。汤姆极不情愿地把书交给了她。全班同学的眼睛都看着琼斯老师。我们虽然都替汤姆捏了把汗，但也都想知道是什么使他这么开心。我们很快就注意到夹在汤姆的英语书里的是一本杂志，一本幽默杂志。

起初，琼斯老师一脸严肃，但不一会儿她的脸上就露出了一丝微笑，接着是吃吃地笑，最后像汤姆一样爆笑起来。你知道，当一个人热烈地大笑，你甚至不知道她为什么而笑，但你也会被她感染。全班同学都开始大笑起来，而我们却不知为什么而笑。当琼斯老师终于平静下来的时候，她向我们解释是什么这么有趣。

你还记得肯德基的那个炸鸡腿的桑得上校吗？夹在汤姆的英语课本里面的那本幽默杂志上，一群卡通鸡手拿斧头正在追赶桑得上校，准备把他剁碎，然后炸"鸡腿"。那天这个简单的小卡通使琼斯老师和全班同学都笑出了眼泪。那天我们都了解了琼斯老师是一个朴实、真诚而睿智的人。她没有指责汤姆，叫他写检讨，也没有把他带到办公室训斥。她用一种特殊的方法使汤姆和其他同学在短暂的开心之后愉快地投入了学习。

那一刻尽管已经过去35年了，但我仍然觉得它就像发生在昨天一样。那一刻使我今天对所有的老师都充满了敬意。无论你怎样对待孩子，你都会永远留在孩子的记忆中。如果我是一名老师，我愿意做一个因为关心他们而被孩子们记住的人，一个当孩子的思想或行为出轨时，拉他一把，使他重新步上正途的人。

帮助那些
需要帮助的人

辛辛那提位于美国东北部的俄亥俄州,这里环境恶劣,居民生活贫困。几乎每过几年,在冬季来临便会有一次超过50厘米的厚雪以及与飓风强度相当的狂风。每当这时,贫民都得靠慈善家的帮助,来渡过这段艰苦的岁月。

那是1959年,又一个天气恶劣的冬季,慈善家罗伯特照例准备了不少帐篷、奶酪和防风暴的棉衣。可是,眼看暴风雪一天比一天猛烈,却没有人前来领取这些东西。

妻子凯丽说:"亲爱的,我有一个办法,不知你同不同意。"

罗伯特说:"只要能帮助那些穷人安全地过冬,不管什么办法,我都会同意。"

凯丽说:"那么,从现在开始,你便患了间歇性失忆症,每年的这个时候,你的脑子里便成了一片空白,那些熟人你一个也不认识,甚至连你的妻子也不认识了。"

罗伯特不解地说:"那我不是成了一个废人?如果是这样的话,我还怎么去帮助那些需要帮助的人呢?"

凯丽说:"不,你不但不会成为一个废人,而且还会更好地去帮助那些需要帮助的人。"

罗伯特终于明白了凯丽的意思，高兴地说："好，亲爱的，就按你的方法办。"

原来，很多穷人都不止一次地得到过罗伯特的帮助，他们觉得罗伯特是一个好人，他们发自内心地希望自己有一天也能够回报罗伯特，可是，由于生活困难，他们总是心有余而力不足。所以，当今年的冬季降临，当他们又一次需要面对罗伯特的时候，他们便感到无比的尴尬。为了避免这一尴尬的局面，罗伯特觉得自己暂时"失忆"一下，还真是一个不错的主意。

消息一传开，果然便陆续有人前来领取过冬物资了。罗伯特表情木然地看着那些从自己手里领走救灾物资的人，心里温暖极了。他甚至还感受到了很多同情的目光，人们在领走了物资后，并没忘记说一些感谢的话，以前，他们说的是："罗伯特先生，总有一天，我会报答您的大恩的。"而现在，他们说的是："可怜的好人啊，希望您快点好起来。"

特别是当罗伯特看到那些孩子们在得到他的帮助后，因不再担心挨饿受冻，而显得兴高采烈的时候，他的心里便像吃了蜜一样地甜。

令罗伯特没有想到的是，10年后，他便陆续收到了来自全世界一些医院的来信。40年来，罗伯特共收到1012封信件，接待来客986位。他们中很多人罗伯特都不认识，但他们表示一定要医治好罗伯特的间歇性"失忆"症。那些人都是曾经得到过罗伯特帮助的人和他们的儿女以及孙辈们,他们都是医生,所学的专业竟然也都是神经科。而当年他曾帮助过的人数实际上不到100人,捐赠的物资价值也极少。直到罗伯特93岁去世那年,来信和来访的人还在继续增加。

是你让我改变了主意

几年前,路曼的丈夫患了重病,辗转求治一年后,最终撇下她和女儿还有一大堆债务,撒手西去。路曼是个坚强的女人,她在街口摆了个水果摊,和8岁的女儿艰难度日。

这天傍晚,路曼正忙着招呼顾客,忽听邻近的一个水果摊贩正大声驱赶一个买主。路曼从他尖刻的话中听出,这个乞丐模样的男人在他的水果摊上翻弄半天,却提出只买一个橘子,害得他耽误了好几桩生意。

路曼感到很好奇,她摆了好几年摊了,却还没遇到过只买一个橘子的人。当那男人路过她摊前时,不免多看了他几眼。只见他衣服凌乱,头发乱蓬蓬的,身材不算矮,只是佝偻得厉害,走几步路就直喘粗气,显然是生病了。

这一幕不由得使她想起陪丈夫看病的那段日子,心被深深地刺痛了。她轻声招呼道:"这位大哥,请等一下,我可以卖给你!"男人闻声停下来,用戒备的眼光看着她。路曼拿起一个大橘子,象征性地称了一下,像对待任何一位顾客一样,用包装袋包好,递给了他。

男人盯着路曼的眼睛看了又看,好半天才吐出几个字:"多少钱?"路曼本不想收钱,但怕不收钱会伤害他脆弱的自尊,就告诉他正好三毛钱。男人转过身去,掏出一个脏得看不清颜色的手帕卷,颤抖着手一层一层打开,从一叠残破的纸币中抽出三张递给了路曼。那三张纸币带着浓重的汗味和霉味,路曼硬着头皮收下了。

看着男人一步一挨离去的背影,路曼从他的穿着上判断,他很可能是从外地流落到本市的拾荒者。他孤苦伶仃的,又正在生病,能挺过来吗?善良的路曼不免替他感到担心。

第二天黄昏,那个男人又来了。他犹豫着对路曼说:"我还想买一个橘子,行吗?"路曼爽快地说:"行,怎么不行呢。"她边说边在橘子堆里翻找,想找大一点的,味道好点的送给他。路曼忍不住问:"你是不是生病了,特别想吃橘子?"男人的神情一震:"你怎么知道?"路曼说:"你显得很憔悴,这谁都能看出来。对了,你这样硬挺着哪行,去医院看看吧。"男人伤感地叹了口气:"去医院?我哪有钱去医院呢。没事的,挺一挺就过去了。"

说话间,路曼装好了一袋橘子,真诚地说:"出门在外不容易,看来你是遇到难处了,我帮不了你别的,这些橘子就算是我送给你的,你若不嫌弃就拿着吧。"男人愣住了,转眼间,眼角闪起了泪花,他叹息一声:"谢谢你!"说完,提起果袋默默离去。

男人怪异的神情让路曼充满了疑惑，她猜测：这个男人的背后一定有许多酸楚的故事。

路曼第三次看到这个男人是三天后的事了。男人的精神状态看起来好多了，衣服洗得干干净净的，还刮了胡子，梳理了头发，看起来像变了一个人。

男人来到路曼面前，吞吞吐吐地说："我想给家里打个电话，可是钱不够，你能借给我50块钱吗？"路曼知道，不到万不得已的地步，这个人是不会轻易开口向一个半生不熟的人借钱的。她没有丝毫犹豫，拿出100元递给了他。男人的嘴唇抖了抖，想说什么，却没有说出口。路曼看到，男人的眼睛里蓄满了泪水。

男人沉思片刻，忽然像想起什么似的，匆匆地离开了。他走后好一会儿，路曼才发现摊床上有一只银灰色的皮夹。路曼不知道是谁丢的，她怀着好奇的心情打开皮夹，发现里面只有一个薄薄的纸包，拆开纸包后，里面是一张身份证，身份证上的人名叫刘强，正是跟她借钱的神秘男人。

路曼展开包身份证的纸，想按原样把身份证包好，却意外地发现那张纸是G省公安厅一年前发布的通缉令，通缉的对象竟然就是刘强！路曼大吃一惊，以为自己看花了眼，可是她一看再看，照片和姓名都充分证明，神秘男人的的确确就是负有三条命案在身的杀人犯！

路曼吓得直冒冷汗，心怦怦地狂跳着，好像要蹦出嗓子眼儿。她竭力控制住紧张的情绪，迅速拿出笔，记下了举报电话，然后按原样把身份证包好。

她刚做完这一切，那个叫刘强的男人就气喘吁吁地跑回来了，他急得脸色发白，问路曼有没有看见他丢失的皮夹。路曼装作平静地朝摊床一努嘴，笑着说："你看，是不是那个？我怕让人赖着说丢了东西，一动也没动呢。"刘强一把抓在手里，连句感谢的话都没说，掉头就走。走出很远，才回头向路曼摆摆手，神情显得很奇怪。

路曼见他进了一条胡同，便以最快的速度跑到附近的电话亭，打了举报电话。路曼心里清楚，杀人犯再可怜，也还是杀人犯；自己再善良，也不能糊涂到包庇通缉犯的地步。

只有五分钟时间，四辆警车飞速驶来，十几个全副武装的警察迅速包围了刘强出入的胡同。工夫不大，五花大绑的刘强便被押上了警车。路曼躲在暗处看到这一切，这时才发现自己身上的衣服已经湿透了。

三天后，几个警察找到路曼家中，告诉她因为举报有功，G省公安厅决定兑现承诺，一次性奖励给她现金5万元。看着厚厚的几沓钱，路曼却不敢接。有个领导模样的人看出了她的心思，笑着说："你只管放心地拿着，你不会有任何危险，刘强死罪难免，他永远不可能报复你了。"经过警察们再三劝说，路曼才忐忐不安地接受了这笔钱。

三个月后，路曼接到了城郊看守所转来的一封信，信是死刑犯刘强写的。刘强信中说：

不知名的妹妹你好，我是你曾经帮助过的人，我叫刘强。对我这样一个走了不归路的人来说，我看到了人世间太多的丑陋和冷酷。在我对生命充满绝望的日子里，是你让我感受到了人世间的温暖。橘子是有价的，可是人心无价啊！知道吗，丢皮夹一事是我故意安排的。我过够了惶惶不可终日的逃亡生活，加上重病缠身，兜里只剩下了几毛钱，可以说是走到人生末路了。我原来是想自杀的，是你让我改变了主意。我知道，如果谁举报我，谁就会获得5万元的奖励。我希望你能得到那笔钱，我想，那是对善良的人最好的报答……

天哪，原来是这样啊！路曼手捧来信，仰天长叹一声，禁不住泪如雨下……

与人分享
美丽

一个精明的荷兰花草商人，千里迢迢从遥远的非洲引进了一种名贵的花卉培育在自己的花圃里，准备到时候卖上个好价钱。对这种名贵花卉，商人爱护之至，许多亲朋好友向他索要，一向慷慨大方的他却连粒种子也不给。他计划繁育三年，等拥有上万株后再开始出售和馈赠。

第一年的春天，他的花开了，花圃里万紫千红，那种名贵的花开得尤其漂亮，就像一缕缕明媚的阳光。第二年的春天，他的这种名贵的花已繁育出了五六株，但他和朋友们发现，今年的花没有去年开得好，花朵略小不说，还有一点点的杂色。到了第三年的春天，他的名贵的花已经繁育出了上万株，令这位商人沮丧的是，那些名贵的花的花朵已经变得更小，花色也差多了，没有了它在非洲时的那种雍容和高贵。当然，他也没能靠这些花赚上一笔。

难道这些花退化了吗？可非洲人年年种这种花，大面积、年复一年地种植，并没有见过这种花会退化呀。百思不得其解，他便去请教一位植物学家。植物学家拄着拐杖来到他的花圃看了看，问他："你这花圃隔壁是什么？"

他说:"隔壁是别人的花圃。"

植物学家又问他:"他们种植的也是这种花吗?"

他摇摇头说:"这种花在全荷兰,甚至整个欧洲也只有我一个人有。他们的花圃里都是些郁金香、玫瑰、金盏菊之类的普通花卉。"

植物学家沉吟了半天,说:"我知道你这名贵之花不再名贵的致命秘密了。"植物学家接着说:"尽管你的花圃里种满了这种名贵之花,但和你的花圃毗邻的花圃却种植着其他花卉,你的这种名贵之花被风传授了花粉后,又染上了毗邻花圃里的其他品种的花粉。所以,你的名贵之花一年不如一年了,越来越不雍容华贵了。商人问植物学家怎么办,植物学家说:"谁能阻挡住风传授花粉呢?要想让你的名贵之花不失本色,只有一种办法,那就是让你邻居的花圃里也都种上你的这种花。"

于是商人把自己的花种分给了自己的邻居。次年春天花开的时候,商人和邻居的花圃几乎成了这种名贵之花的海洋,花朵又肥又大,花色典雅,朵朵流光溢彩,雍容华贵。这些花一上市,便被抢购一空,商人和他的邻居都发了大财。

近朱者赤,近墨者黑。高贵也是这样,没有一种高贵可以遗世独立。要想保持自己的高贵,就必须拥有高贵的"邻居";要想拥有一片高贵的花的海洋,就必须与人分享美丽,同大家共同培植美丽。只有这样,我们才能保持自身的纯洁和华贵。

心灵无私,这是我们保持自身高贵的唯一秘密。

来吧，听我讲一个故事

1987年11月8日，美国新泽西州阳光明媚，琼斯小姐拎着大包小包离开超市。打开出租屋门的那一瞬间，腰间被一个硬邦邦的东西顶住，顿时，她意识到，自己遇上了麻烦。

接下来发生的事，证实了她的预感，她遇上了黑人青年杰克逊。杰克逊刚打伤了狱警，夺了狱警的枪，从监狱里逃了出来。身后的警车发出尖厉的叫声，杰克逊想到了劫持人质，于是，琼斯小姐不幸地成为杰克逊手中待宰的羔羊。

在琼斯小姐的家中，她被杰克逊用胶带绑在狭小的浴缸里，她成了杰克逊与警察谈判的筹码。如果想保证琼斯小姐的安全，警察必须在24小时内准备一架直升机和100万美元现金。

杰克逊像一只困兽，紧张、焦虑、恐惧占据了他的心，阳台到卫生间不足10米的距离，杰克逊走来走去，嘴里发出狼一样的号叫。不过，他的哀嚎被窗外更巨大的警笛声覆盖。

然而，琼斯小姐听得见杰克逊的叫声，而且比任何人都清楚杰克逊内心的恐慌。她的语调温和而宁静：来吧，听我讲一个故事，这故事或许能让你安定下来，帮你做出正确的选择。杰克逊看起来还像个孩子,他坐下来,不安地用牙咬着指甲,听琼斯小姐讲自己的故事。

15年前,琼斯小姐一贫如洗,在一富家当女佣,贫与富的反差,常常让她义愤难平。最终,恶魔占据了她的心,她抱走了富家襁褓中的婴儿,想狠狠地敲上一笔。

她同样把婴儿放在这个浴缸里,为了让他安定舒适些,在婴儿的脑袋下还放上了一个大枕头,她自己出去用公用电话跟富家联系。回家后,她一下傻了:枕头盖在了婴儿的脸上,拿开枕头,孩子已经停止了呼吸。

不是故意,然而谁能证明?现场除了婴儿没有其他任何人,当然琼斯小姐不能自证无罪。没有证人,显然一级谋杀罪就会成立。

出人意料的是,富家夫妇说服了陪审团。他们说,现场除了婴儿,还有一位,那就是上帝,他们从琼斯小姐的眼神里,找到了上帝的证明。眼前的一切都不可思议,法槌落下的那一刻,琼斯小姐意识到,自己是落下了悬崖,又被人救起。

杰克逊走出琼斯小姐家的那一刻,双手捆上了绑琼斯的胶带。警察相信,这是杰克逊自己捆上的,因为他们同样在杰克逊的眼睛里找到了上帝的证明。

您认为自己
是傻子吗

就在我为那些次品牛仔服发愁的时候,邻居沃德跟我说:"卡瓦诺,你不如将那些牛仔服拿到安娜太太家去吧,或许她正需要呢。"我看着一脸坏笑的沃德,不相信地问:"可我这些牛仔服都是为那些年轻的顾客准备的,安娜太太怎么会需要呢?要说给她的儿女还差不多,可她根本就没有儿女。再说,这些牛仔服都是卖剩的次品,她要来有什么用?"沃德说:"这可是安娜太太让我跟你说的,信不信由你。"

望着沃德远去的背影,我犹豫了。因为是第一次做牛仔服生意,没有任何经验的我,在将牛仔服卖出去一大半时,才发现里面夹有一些次品。退货的时间已过,发货商肯定不会认账,如果这些牛仔服处理不出去,这次生意肯定会亏本。

最终,我还是抱着试试看的心理来到了安娜太太家。出乎我意料的是,安娜太太竟然很高兴地按市场价买下了我那些处理不了的次品牛仔服。我小心地提醒说:"安娜太太,您可得看清楚了,这些可都是我处理不了的次品牛仔服。您真的需要它们吗?"安娜太太眉开眼笑地边将牛仔服往自己的身上比划,边说：“怎么会呢，这么好的牛仔服怎么会是次品呢，你瞧瞧，穿在我的身上是不是很好看？"说实在的，那些牛仔服穿在安娜太太的身上一点儿也不好看，但为了能将那些牛仔服推销出去，我只得含糊地点点头。我在心里跟自己说："说不定安娜太太就喜欢这样的牛仔服。"

从安娜太太家里走出来的时候，我发现保罗正提着一袋运动鞋往安娜太太家走去。我问保罗这是去干什么。保罗说："你知道的，我做运动鞋生意亏了本，有一些款式陈旧的鞋子卖不出去，安娜太太让人捎信给我，说她正需要这些鞋子，所以，我决定将这些鞋子拿给安娜太太看看。"

跟保罗告别后，一位瘸腿乞丐拦住了我的去路。我摸了摸口袋，对他说："对不起，我身上没带零钱。"他说："先生，不要紧，我只是想向你打听一下，您是从安娜太太家出来的吗？"我说："是的。"他高兴地说："那真是太好了，只要安娜太太在家，她就必定会去菜市场，而她在经过我身边的时候，肯定会给我5美元的！"

后来，我从人们的口中得知，安娜太太的神经出了问题，也就是人们常说的傻子，因为她所做的事情只有傻子才做得出来。

突然有一天，我在电视上看到了安娜太太。她正在接受电视台采访，跟她坐在一起接受采访的还有本市最出名的心脏病医生哈里。原来，安娜太太患有严重的心脏病，几年前哈里医生就断言她活不了多久，可是哈里医生对她的再次检查证实，她的心脏病竟然已经痊愈。哈里医生说："这真是一个奇迹！因为这种病是药物无法控制住的，病人也受不得任何刺激，治愈率只有十万分之一，而且还只能是傻子，因为只有傻子才不会因刺激而受到伤害。"

电视台的主持人不解地问安娜太太："您认为自己是傻子吗？"安娜太太说："不，我不认为自己是一个傻子，至少以前不是，而且还是一个很精明的人。以前，我总是为一些小利跟人计较，有时候气得整晚睡不着觉。后来，我发现自己有心脏病，并且听说这种病只有傻子才有治愈的机会，于是我决定要做一个傻子。"主持人接着问："那您是怎样将自己变成一个傻子的呢？"安娜太太接着说："其实做一个傻子很简单，那就是只做跟精明人相反的事情就可以了。慢慢地，我竟然喜欢上了做一个傻子，因为我发现自己由原来的自私、狭隘，突然变得宽容、豁达多了。"

没了手掌，
我还有热血

那是一次让世界震惊的洪灾，长江沿岸的许多城市乡镇都蒙受了巨大的灾害。那时，我是作为一名青年志愿者奔赴九江抗洪前线的。

我们的工作并不是在堤坝之上，堤坝之上有壮实的解放军官兵。我们在前线的后方，负责为那些受灾的群众提供医疗救助。

在一个重灾镇，许多伤病严重者都需要输血，而在那里，血库的存血远远不足。于是，我们就开始上街号召人们无偿献血，以保障供血充足。

那是一段非常的岁月，这场灭顶的灾难激发了人们的真情，献血的人很多很多。我们从早到黄昏，看着一个个热心的人卷起袖子，伸出援助之手。

第二天黄昏，就在我们准备收工回医院的时候，一个憨厚的小伙子踏上了我们的采血车。他双手揣在口袋里，有些犹豫地望着我，迟迟没有说话。直到我问他："您是来献血的吗？"他才有些羞涩地回答说："是的，我是来献血的。"

我立即微笑着指着我的同事们刚刚收拾好的东西说："您明

天来行吗？我们都已经收拾好，准备回医院了。"

他看上去有些急了，央求道："就今天，就现在，好吗？"

面对他如此恳切的请求，我没有理由拒绝。于是请他坐下，然后取出设备为他测试样血。

我将设备都取了出来，他却依旧一动不动地坐在椅子上沉默着。我拿着针示意他伸出手，为他验血。

这时，他却低下了头，然后慢慢从裤袋里抽出手，伸了过来。在他抬手的片刻，我一下子惊呆了，原来他居然没有了手掌，而且两只手都没有了手掌。

我犹豫起来，望着一样惊诧的同事们，不知该如何下手了。就在此刻，他却扬起了原本羞涩的脸，坚定地对我说："没关系的，抽吧，我只是没有了手掌，但我还有热血！"

话音落下，我和我的同事们，全都热泪盈眶了。就这样，我们为他抽去了200CC的鲜血。

抽完后，他甩下袖子，就匆匆离开了，我们一起目送着他渐行渐远，直到他的身影消失在沉沉的暮色里。而那时，我的手里还握着他的血袋，直到那一刻，我还分明能感觉到那袋鲜红的血液中持久的温暖。于是，我明白，爱心的温度永远不会冷却！

05

生活中的真理

谁能料到的奇迹

1909年的春天来到了俄亥俄州的克利夫兰城,可是,她没能给盖特街带来新面貌。临近的那些漂亮街道上的住户们都已忙开了:拾掇闲了一冬的小园子;粉刷、油漆房屋;为夏天准备好剪草机……盖特街却仍是老样子,又脏又乱。盖特街是条短街,但走过这条街的人都嫌它太长了。当然,住在这儿的人都没多少钱,穷人的要求是不多的。

他们有时能找到点儿活干,有时为找工作而奔波;他们的屋子多年没有油漆粉刷了,院子里连自来水也没有,盖特街的住户只好到街角的水栓那儿去提水。街上的景象当然好不了——没有人行道,没有路灯,街道一头上的铁路线给这儿增添了更多的嘈杂声和尘土。

春天来了,别的街上去学校读书的小姑娘们都穿上了漂亮的新衣裳。但是,这个盖特街来的小姑娘还是穿着那件她已穿了一冬的脏罩衫,也许,她只有这一身衣服。

她的老师深深地叹了口气:多好的小姑娘呵!她学习起来可真用功,她懂礼貌,见了人总是笑眯眯的。可惜,她的脸从来也不洗，还有一头蓬乱的头发。一天，老师对这个小姑娘说："明天你来上学以前，请你为我洗洗你自己的脸，好吗？"老师看得出，她是个漂亮的小姑娘。

第二天，漂亮的小姑娘洗干净了脸，还把头发梳得整整齐齐。放学时，老师又对她说："好孩子，让妈妈帮你洗洗衣服吧。"

可是，小姑娘还是每天穿着那身脏衣服来上学。"她的妈妈可能不喜欢她？"老师想。于是老师去买了一套美丽的蓝色连衫裙，送给了小姑娘。孩子接过这礼物，又惊又喜，她飞快地向家里跑去。

第二天，小姑娘穿着那套美丽的衣服来上学了，她又干净又整齐，兴高采烈地对老师说："我妈妈看我穿上这身新衣服，嘴巴都张大了。爸爸出门去找工作了，可是没关系，吃晚饭时他会看到我的。"

做爸爸的看到穿着新衣衫的女儿时，他不禁暗暗说，真没想到，我的女儿竟这么漂亮！当全家人坐下吃饭时，他又吃了一惊：桌子上铺了桌布！家里的饭桌上从来没用过桌布。他不禁问："这是为什么？"

"我们要整洁起来了。"他的妻子说，"又脏又乱的屋子对我们这个干净漂亮的小宝贝来说，可不是个好事。"晚饭后，妈妈就开始擦洗地板，爸爸站在一旁看了会儿，就不声不响地拿起工具，到后院去修理院子的栅栏去了。第二天晚上，全家人开始在院子里辟一个小花园。

第二个星期，邻居开始关心地看着小姑娘家的活动，接着，他也开始油漆自己那十多年未曾动过的房屋了。这两家人的活动引起了更多人的注意，于是，有人向政府、教会和学校呼吁：应该帮助这条没有人行道、没有自来水的街上的居民，他们的境况这样糟，可是他们仍然在尽力创造一个美好的环境。

几个月后，盖特街简直变得让人认不出了。修了人行道，安上了路灯，院里接上了自来水。小姑娘穿上她的新衣服的六个月后，盖特街已经是住着友好的、可敬的人们的整洁街道了。

得知盖特街变化的人们管这叫"盖特街的整洁化"，这个奇迹愈传愈远。

其他城市的人们听到这个故事，也开始组织他们自己的"整洁化"运动，到1913年，有上千个美国城镇组织了修理、油漆房屋的活动。当一个老师送给一个小女孩一套蓝色的新衣裳时，谁能料到会引起什么奇迹呢！

柳树下的爱情

那个时候，他们总是在那两棵柳树下见面，他偎着这棵，她偎着那棵，两棵柳树见证了他们风风雨雨的爱情。

男孩站在那里，不舍得走。他说他们相拥着站立的地方，会长出一棵树，会开出一朵花，会绽放一个春天。

两棵柳树，垂下它们羞涩的头颅，倾吐内心的柔肠百结，那是漫天飞舞的柳絮，那是它们各自公开了自己的秘密：它们恋爱了。

男孩走了，去了很远的远方，说要为女孩打一个天下回来。打了最简单的背包，却叠进去最重的爱。他不敢回头，女孩也不敢唤他，他们各自将泪水甩向风中。

成群的麻雀从柳树的枝头飞起，又落下，它们不懂哀愁，天地间满是它们叽叽喳喳的笑声。

女孩在这里等，一年、两年、三年，保媒的人开始像麻雀一样，纷纷落到她家的院子里，因为她们相中了她，她是一粒饱满的粮食。

"麻雀"们在院子里喷喷地抖落了很多赞美和叹息，所有的人都劝她忘掉那个穷小子：

那小子家好几代都是穷人，就没见过他们穿过一件新衣服。只要能遮住腚就算不错了。

好几口人挤在巴掌大的土坯房里，他拿什么娶你啊？

全家都是病秧子，嫁给他就是往火坑里跳呢。

……

但她没有改变她的初衷，只是在月光皎洁的夜晚，常常免不了生出一丝怨怼：走了这么久，怎么就不知道写封信呢？

她天天在柳树上刻他的名字，刻一个就是一天。她会尽量用最轻的力气刻字，怕他疼痛。有时候她会怜惜地抚摸着树干，仿佛在为自己在它身上"文身"的不礼貌行为向它道歉。

一棵柳树是她，一棵柳树是他。她的那棵比较瘦弱些，而他的那棵比较粗壮。

他回来的时候，去了那个河边。看到了那两棵"文身"的柳树，他看到了那些细小的密密麻麻的他的名字，他感到肩上的背包很沉。他依然一无所有，他本来挣了一笔钱的，可发财心切的他最后又将所有的积蓄打进了一个骗子的账号上。行囊依旧空空，里面折叠的爱更加沉重。他打消了马上见她的念头，他必须走，他不能半途而废，他必须重整旗鼓，他要盖一间漂亮的新房子，娶她过门。

那一夜，他也在她的柳树上刻了她的名字，满满的一树，也是用最轻的力气，他怕她疼痛。他环抱她的柳树，想象她依偎在树上的样子，一个夜晚，万籁俱寂。

天微微发亮的时候，他再一次转身离开，留给女孩又一次等待的轮回。

女孩第二天来的时候，看到了树干上她自己的名字，她知道他回来过，她知道他已经为她留了言：为爱等待。

她知道，爱的真谛不是寻找，而是等待。

她下了决心为他坚守，每天守在柳树下，望穿秋水。风来拨弄柳枝，将那挂满了一树的牵挂和思念，摇得沙沙作响。

她希望他早些回来，她等他等得好苦。

他又何尝不苦呢，他的心，像一块海绵，每天都会拧出大把大把的思念。但他必须忍受煎熬，他要攒钱娶她过门，他要让她跟着他享福。

转眼又过了三年。柳絮再一次漫天飞舞的时候，男孩回来了。他放下手中的包袱，背井离乡的种种艰辛也跟着被他卸了下来。他瘦了许多，但腰包却鼓了起来。

在那两棵柳树下，男孩和女孩见面了。他们一起数着树上的名字，那是他们分开的日日夜夜。没有眼泪，只有他们憨憨的笑。

男孩问，你不担心我永远回不来吗？

不，女孩说，只要有这两棵柳树在，我就知道你能回来。因为它们的根已经纠缠到一起，无法分开。

是啊，两棵柳树恋爱了，就没办法将它们分开了。如果其中一棵被移走或者枯死，那么另一棵也会跟着枯竭。

结婚的时候，他们把两个大红花分别挂到了两棵柳树上，他们说，让这两棵柳树做他们的伴娘和伴郎。

村里人很快便都知道了他们的秘密，这个浪漫的故事让村里的年轻人艳羡不已。那两棵柳树下面，又成就了许许多多的爱情。村里的年轻人在表达爱情的时候，就会折几支柳树枝子给对方，还有的干脆编个草帽戴着，让爱情在自己的头顶恣意招摇。

村里的广播里，村长在号召年轻人去植树，"特别是柳树，因为那玩意代表了爱情。"村长的大嗓门振落了房檐上的灰。他们相望着，手拉着手，会心地笑着。

柳树上的那些字早已模糊不清，但村里的年轻人记住了，不管岁月如何变迁，不管路上还有多少羁绊，只要像那两棵柳树一样去相爱，就一定会在他们自己的春天，绽放出他们自己的爱的柳絮。

漫天飞舞的柳絮，就是恋爱的符号，就是纷纷扬扬的思念……

请理解爸爸的良苦用心

30年前,美国华盛顿一个商人的妻子,在一个冬天的晚上,不慎把一个皮包丢在了一家医院里。商人焦急万分,连夜去找。因为皮包内不仅有10万元的美金,还有一份十分机密的市场信息。

当商人赶到那家医院时,他一眼就看到,清冷的医院走廊里,靠墙根蹲着一个冻得瑟瑟发抖的瘦弱女孩,在怀中紧紧抱着的正是妻子丢的那个皮包。

原来,这个叫希亚达的女孩,是来这家医院陪病重的妈妈治病的。相依为命的娘俩家里很穷,卖了所有能卖的东西,凑来的钱还是仅够一个晚上的医疗费。没有钱明天就得被赶出医院。晚上,无能为力的希亚达在医院走廊里徘徊,她天真地想求上帝保佑,能碰上一个好心人救救她的妈妈。突然,一个从楼上下来的女人经过走廊时腋下的一个皮包掉在地上,可能是她腋下还有别的东西,皮包掉了竟毫无知觉。当时走廊里只有希亚达一个人,她走过去捡起皮包,急忙追出门外,那位女士却上了一辆轿车扬长而去了。

希亚达回到病房,当她打开那个皮包时,娘俩都被里面成沓的钞票惊呆了。那一刻,她们心里都明白,用这些钱可能治好妈妈的病。妈妈却让希亚达把皮包送回走廊去,等丢皮包的人回来取。妈妈说,丢钱的人一定很着急。人的一生最该做的就是帮助别人,急他人所急;最不该做的是贪图不义之财,见财忘义。

虽然商人尽了最大的努力,希亚达的妈妈还是抛下了孤苦伶仃的女儿。她们母女俩不仅帮商人挽回了10万美金的损失,更主要的是那份失而复得的市场信息,使商人的生意如日中天,不久就成了富翁。

被商人收养的希亚达,读完大学就协助富翁料理商务。虽然富翁一直没委任她任何实际职务,但在长期的历练中,富翁的智慧和经验潜移默化地影响了她,使她成为一个成熟的商业人才,到了富翁晚年时,他的很多意向都要征求希亚达的意见。富翁临危之际,留下一份令人惊奇的遗嘱:

在我认识希亚达母女之前我就已经很有钱了,可当我站在贫病交加却拾巨款而不昧的母女面前时,我发现她们最富有,因为她们恪守着至高无上的人生准则,这正是我作为商人最缺少的。我的钱几乎都是尔虞我诈,明争暗斗得来的,是他们使我领悟到了人生最大的资本是品行。

我收养希亚达既不是知恩图报,也不是出于同情,而是请了一个做人的楷模。有她在我的身边,生意场上我会时刻铭记,哪些该做，哪些不该做，什么钱该赚，什么钱不该赚。这就是我后来的业绩兴旺发达的根本原因，我成了亿万富翁。

我死后，我的亿万资产全部留给希亚达继承，这不是馈赠，而是为了我的事业能更加辉煌昌盛。

我深信，我聪明的儿子能够理解爸爸的良苦用心。

富翁在国外的儿子回来时，仔细看完父亲的遗嘱，立刻毫不犹豫地在财产继承协议书上签了字：我同意希亚达继承父亲的全部资产，只请求希亚达能做我的夫人。

希亚达看完富翁儿子的签字，略一沉吟，也提笔签了字：我接受先辈留下的全部财产——包括他的儿子。

生活中的真理

伊格纳兹·塞梅尔维斯，1818年生于布达佩斯，是一名产科医生。

作为一名年轻的见习医生，他在维也纳的一家妇产科医院工作。在那里他有了令人震惊的发现：有十分之一的产妇死于产褥热，他们都是穷人。而在家里生产的富有的产妇们，远没有这样的死亡比例。

塞梅尔维斯仔细观察了医院的日常工作，开始怀疑是医生造成了病人的感染。他注意到，医生常常解剖完尸体，就从停尸房直接回到产房对产妇进行检查。因此，他建议，作为一项实验，让医生在接触产妇之前洗一下手。

洗一下手，对于医生来说，是举手之劳。可是，要知道，这个建议是塞梅尔维斯提出的，而塞梅尔维斯当时只是一名见习医生，是个无足轻重的人物。还有什么要求比这样的要求更加无礼？他居然胆敢向其上司提出这样的建议？他的直言上谏被当时的医学界看成是对权威的冒犯。何况，洗一下手，就等于承认了产妇死亡的责任在于医生，是医生造成了病人的感染。这是权威们更难接受的。

但是死亡还在继续，这让塞梅尔维斯无论如何不再顾忌人与人之间那种庸俗与微妙的关系，让他义无反顾地坚持。去产房，去停尸房，向每一位医生发出请求，坚定而又固执。他请求医生们洗一下手，而当时的权威们，他们并不真的在乎拯救生命，他们关心的只是人们对权威的尊重和服从。

一次次直言，一遍遍请求。最后，在穷尽了对塞梅尔维斯种种讽刺、挖苦和嘲笑之后，他们最后终于同意了，开始用肥皂清洗自己的手。

奇迹产生了，大批的产妇死亡停止了。"洗一下自己的手！"这个从塞梅尔维斯医生口中发出的无数遍请求，拯救了成千上万条生命，产妇的死亡率降到了仅仅百分之一。

其实，塞梅尔维斯内心十分清楚，因为冒犯权威，随之而来的，是维也纳医学界的排斥和忌恨。不久，他被迫离开了医院，离开了奥地利，虽然他对那里的人们尽心尽责。最后，他在匈牙利的一所地方医院结束了自己的行医生涯。在那里，他彻底放弃了人性、知识和他自己。一天在解剖室里，他将一把刚刚解剖过尸体的刀片，故意刺进了自己的手掌。不久，他便死于血液感染。

然而，也就在塞梅尔维斯去世后的两年，"消毒外科手术"就很快得到了普及。在后来的医学界，在人们的心目中，唯有塞梅尔维斯才是真正的英雄。

我们往往轻易就放弃了真理，是因为我们不敢向固定的习俗和强大的权威表达自己的意见；即便跨出了第一步，往往却因为人微言轻，而不敢坚持；当意识到坚持将会付出代价时，最终选择了退缩。生活中的真理，往往就这样湮没于我们内心的怯懦，而不是身份的卑微。

一次特殊的聘任

西奥·霍迪尔先生身材修长，面庞消瘦，两鬓斑白。他生性温和，平日寡言，研究学术问题时他精力充沛、记忆力惊人，而对日常生活的琐碎小事，却不甚了解。

坎福特大学需要聘请一名工作人员，上百人要求申请该空缺位置，西奥也递上了申请书。最后，只有西奥等15人获得面试的机会。

坎福特大学处在一个小镇上，周围仅有一家旅店，由于住客骤增，单人房间只好两个人同住了。跟西奥同住的是一位年轻人，叫亚当斯，足足比西奥年轻20岁。亚当斯自信心甚强，且有一副洪亮的嗓音，旅店里时常可以听到他朗朗的笑声。这是一个聪明伶俐的人，这一点是显而易见的。

校长及评选小组对所有的候选人进行了一次面试，筛选后只剩下西奥和亚当斯俩人了。小组对聘请谁仍犹豫不决，只好让他俩在大学礼堂进行一次公开的演讲后，再行决定。演讲题目定为《古代苏门人的文明史》，三天后开讲。

在这三天里，西奥寸步不离房间，废寝忘食，日夜赶写讲稿。而亚当斯却不见有任何动静——酒吧间里依旧传出他的笑声。每天他很晚才回来，一边问西奥的讲稿进展情况，一边叙述自己在弹子房、剧院和音乐厅的开心事。

到了演讲那天，大家来到礼堂，西奥和亚当斯分别在台上就座。直到此时，西奥才惊恐万状地发现，自己用打字机打好的讲稿不知什么时候不翼而飞了。

校长宣布说，演讲按姓名字母排列先后进行。亚当斯首当其冲。情绪颓丧的西奥抬头注视着亚当斯——只见他神情自若地从口袋里掏出窃来的讲稿，对着在座的教授们口若悬河、振振有词地讲开了，连西奥也暗自承认他确有超人的口才。亚当斯演讲完毕，场内爆发出雷鸣般的掌声。亚当斯鞠了一个躬，脸上露出微笑，回到座位上去。

轮到西奥了。他的一切东西都写在稿子上面，由于心情不好，要另开思路是不可能的了。他觉得脸上火辣辣的，唯有用低沉而疲乏的声音，逐字逐句重复亚当斯刚才振振有词的演讲内容。等他讲完坐下来时，会场上只有零零落落的几下掌声。

校长及全体评选小组成员退出会场，去讨论该聘任哪位候选人。礼堂内的人仿佛对决定的结果早已有了数。

亚当斯向西奥探过身来，用手拍了拍他的背，微笑着说道："厄运呀，老兄。没办法，两者只选其一。"

这时，校长及小组成员回来了。"诸位先生，"校长说，

"我们做出了选择——聘请西奥·霍迪尔先生。"

所有的听众都惊呆了。

校长继续说："让我把讨论的情况向诸位披露吧。亚当斯先生口才过人,知识渊博,我们大家都深感钦佩,我本人也为之感动。但是,请不要忘了,亚当斯先生是拿着稿子去作演讲的。而霍迪尔先生呢,却凭着记忆力,把前者的演讲内容一字不漏地重复了一遍。当然了,在这以前,他不可能看过那份讲稿的一字一句。而那项工作,正需要有这样天赋的人!"

大家陆续走出了会场。校长走到西奥面前,见西奥脸上仍然挂着那副惊喜交加、不知所措的表情,便握着他的手,说道:"祝贺您,霍迪尔先生。不过我得提醒您一句,日后在咱们这儿工作,可要留神点,别把重要的材料到处乱放呀。"

23号同学

女儿的同学都管她叫"23号"。女儿班里总共有50个人,每每考试,女儿都排23名,久而久之,便有了这个雅号,她也就成了名副其实的中等生。我们觉得这外号刺耳,女儿却欣然接受,老公发愁地说,一碰到公司活动,或者老同学聚会,别人都对自家的"小超人"赞不绝口,他却只能扮深沉。人家的孩子不仅成绩出类拔萃,而且特长特别多,唯有我们家的"23号女生",没有一样值得炫耀的地方。

因此,他一看到娱乐节目里那些才艺非凡的孩子,就羡慕地两眼放光。后来,看到一则9岁孩子上大学的报道,他很受伤地问女儿:孩子,你怎么就不是神童呢?女儿说,因为你不是神父啊。老公无言以对,我不禁笑出声。

一年中秋节,亲友相聚,坐满了一个宽大的包厢。众人的话题也渐渐转向各家的小儿女,趁着酒兴,要孩子们说说将来要做什么。钢琴家、明星、政界要人,孩子们毫不怯场,连那个4岁的女孩,也会说将来要做央视的主持人,赢得一阵赞叹。我12岁的女儿,正为身边的小弟弟小妹妹剔蟹剥虾,盛汤揩嘴,忙得不亦乐乎。人们忽然想起，只剩她没说了。在众人催促下，她认真地回答啊："长大了，我第一志愿是当幼儿园老师，领着孩子们唱歌跳舞做游戏。"众人礼貌地表示赞许，紧接着追问她的第二志愿。她大大方方地说："我想做妈妈，穿着围裙在厨房里做晚餐，然后，给我的孩子讲故事，领着他在阳台上看星星。"亲友愕然，面面相觑，不知道该说些什么，老公的神情极为尴尬。回家后，他叹息着说："你还真打算让女儿将来当个幼儿园老师？咱们难道真的眼睁睁地看着她当中等生？"

其实，我们也动过很多脑筋，为了提高她的学习成绩，请家教，报辅导班，买各种各样的资料。孩子也蛮懂事，漫画书不看了，剪纸班退出了，周末的懒觉放弃了，像一只疲倦的小鸟，她从一个班赶到另一个班，卷子，练习册，一沓沓地做。可到底是个孩子，身体扛不住了，得了感冒。在病床上输着液体，她还坚持写作业，最后引发肺炎。病好后，孩子的脸小了一圈，可期末考试的成绩，仍然是让我们哭笑不得的23名。

后来我们也曾试过增加营养、物质激励等，几次三番地折腾下来，女儿的脸越来越白，而且，一说要考试，她就开始厌食、失眠、冒虚汗，再接着，考出令我们结舌的33名。我和老公悄然无声地放弃了轰轰烈烈的揠苗助长的活动，恢复了她正常的作息时间，还给她画漫画的权利，允许她继续订《儿童幽默》之类的书报，家中安稳了很久。我们对女儿是心疼的，可面对她的成绩，又有说不出的困惑。

周末，一群同事结伴郊游。大家各自做了最拿手的菜，带着老公和孩子去野餐。一路上笑语盈盈，这家孩子唱歌，那家孩子表演小品。女儿没什么看家本领，只是开心地不停地鼓掌。她不时跑到后面照看那些食物，把倾斜的饭盒摆好，松了的瓶盖拧紧，流出的菜汁擦净。忙忙碌碌，像个细心地小管家。野餐的时候发生了一件意外的事。两个小男孩，一个奥数尖子，一个英语高手，同时夹住盘子里的一块糯米饼，谁也不肯放手，更不愿平分。丰盛的美食源源不断的摆上来，他们看都不看。大人们又笑又叹，连劝带哄，可怎么都不管用。最后，还是女儿，用掷硬币的方法，轻松地打破了这个僵局。

回来的路上，堵车，一些孩子焦躁起来。女儿的笑话一个接一个，全车人都被逗乐了。她手底下也没闲着，用装食品的彩色纸盒，剪出许多小动物，引得这群孩子赞叹不已。下车时，每个人都拿到了自己的生肖剪纸。听到孩子们连连道谢，老公禁不住露出了自豪的微笑。

期中考试后，我接到了女儿班主任的电话。首先得知，女儿的成绩，仍是中等，不过，他说有一件奇怪的事想告诉我，他从教30年了，第一次遇见这种事。语文试卷上有一道附加题：你最欣赏班里的哪位同学，请说出理由。除了女儿之外，全班同学，竟然都写上了女儿的名字，理由很多：热心助人，守信用，不爱生气，好相处等，写得最多的是乐观幽默。班主任还说，很多同学建议由她来担任班长。他感叹道：你这个女儿，虽说成绩一般，可为人，实在很优秀啊。

我开玩笑地对女儿说，你快要成为英雄了。正在织围巾的女儿，歪着头想了想，认真地告诉我说："妈妈，我不想成为英雄，我想成为坐在路边鼓掌的人。"我猛地一震，默默地打量着她。我心里，竟是蓦地一暖。

那一刻，我忽然被这个不想成为英雄的女孩打动了。这世间有多少人，年少时渴望成为英雄，最终却成了烟火红尘里的平凡人。如果健康，如果快乐，如果没有违背自己的心意，我们的孩子，何妨做一个善良的普通人？

长大成人后，她一定会成为贤淑的妻子，温柔的母亲，甚至热心的同事，和善的邻居。在那些漫长的岁月里，她都能安然地过着自己想要的生活。作为父母，还想为孩子祈求怎样更好的未来呢？

对不起，打扰您了

2006年5月，李亚鹏和王菲的女儿李嫣出生。这个天使般美丽的婴儿因先天性唇裂，给这对明星夫妻的生活蒙上了一层阴影。李亚鹏并没有被女儿的伤残打倒，在日记中，这位坚强的父亲曾深情地为他那天生残缺的小天使写下这样一段话："上帝给你这样的伤痕，我要让这伤痕成为你的荣耀。"

这带着"伤痕"的荣耀，便是于2006年12月26日正式启动的"嫣然天使基金会"。基金会成立后，李亚鹏把全部心血，都倾注到了这能让和他女儿有着相同遭遇的孩子恢复健康的公益事业上，不仅靠自己的人脉"逼"身边的朋友及各界名流"认捐"，甚至在每次坐飞机时，都不忘发一份宣传单。

在这份制作精美的宣传单上，李亚鹏诚恳地写道："如果您有一颗慈善的心，如果您还没找到实施的途径，请加入我们嫣然天使基金会，让我们一起把爱传出去。如果您不需要此信件，请您转交他人，谢谢！"乘飞机的大多是经济优越的成功人士，加之李亚鹏的明星身份，募捐的效果相当理想。

不过，偶尔也会发生让人不愉快的事。一次，李亚鹏发完宣传单后,有个人没看完就把装在信中的宣传单给扔到了地上。李亚鹏愣了一下,但是这位"笑傲江湖"的大侠并没有"怒发冲冠",而是像纯朴的郭靖一样,慢慢地弯下腰,把宣传单捡了起来,然后赔着笑对那位衣冠楚楚的先生说:"对不起,打扰您了!"

细心的李亚鹏注意到,那位先生的脸微微红了,张了张嘴似乎想解释什么,又似乎是想道歉,但是看到周围的人都在注视着自己,这位先生又把话给咽了回去,然后装作若无其事的样子,把脸扭到了一边。李亚鹏知道,自己的一个小小的举动让这位"有身份"的陌生人感到了一丝羞愧。

这件事过去没多久,嫣然天使基金会收到了一笔十万元的巨额捐款。让人不解的是,捐款者没有留下地址、姓名,只是在附言栏里写了"对不起"三个字。办公室的工作人员拿着这张奇怪的汇款单给李亚鹏看,李亚鹏只看了一眼,就立即猜出了这位捐款者是谁了。

别指望
别人感激你

真正的聪明人宁愿人们需要他，而不是让人们感谢他。有礼貌的希求心理比世俗的感谢更有价值，因为心有所求，便能铭心不忘，而感谢之词无非促人忘却。

法国国王路易十一酷好占星学，便在宫廷里养了几个占星师，其中的一个他尤其佩服。

一天，这名占星师预言一名贵妇将在三日内死亡。大家不以为然，但预言果然成真了：贵妇人真的在三日内死亡了。大家都十分震惊，路易也吓坏了。他想，如果不是占星师谋杀了贵妇来证明他预言的准确性，就是占星师的法力太高深了。路易感到自己受到了威胁，他想除掉占星师，使自己摆脱命运受制于人的阴影。看来，这位占星师难逃一死了。

一天，路易在宫中埋伏好士兵，命令他们一接收到他发出的暗号，就冲出来抓住占星师，用剑将其刺死。然后他召见占星师入宫。

占星师很快来到王宫。不过，在杀死他之前，国王决定问他最后一个问题："你自诩能够看清楚别人的命运，但你知道自己的命运如何吗？告诉我，你能活多久？"占星师稍稍思考了一下，沉着地说："我会在您驾崩前三天去世。"

听了这番话，路易一直没有发出暗号。这名占星师不但保住了性命，而且还得到了国王的全力保护。国王聘请高明的宫廷医生照顾他，占星师一生享尽了安康和奢华的生活。

最后占星师甚至比路易多活了好几年，虽然这与他的预言不符，却证明了他是驾驭他人的一流好手。

占星师的高明之处在于让其他人依赖自己。如果别人认为除掉你可能会给自己带来灾难，甚至死亡，那么，他就不敢冒此大险寻求答案了。

如何才能让别人依赖你，并听命于你呢？最好的办法就是让别人感到需要你，或是少了你，他的计划就无法运作，他的生活就难以正常进行。一旦建立了这样的关系，你的地位就会变得不可代替。

经验告诉我们：维持别人对自己的依赖心理，不要完全满足对方的需要，这样可以让上至君王下至民众在你的控制之中。

我说得再通俗一些吧：要让马儿吃草，但不要让它吃饱。如果它吃得太饱，就不会听你的话了。要让它一直处于半饥饿状态，处于依赖你的状态。

美国励志大师卡耐基说过这样的话："别指望别人感激你。因为忘记感谢乃是人的天性，如果你一直期望别人感恩，多半是自寻烦恼。"西方一位学者说过,感恩是极有教养的产物,不可能从一般人身上得到。如果你想通过施恩于人来获得他的依赖的话,那你就错了。

美国总统富兰克林·罗斯福对别人的"忘恩负义"深有感触,让我们来看看他的故事:

1929年10月,美国爆发了经济危机,这一危机一直持续到1933年。在这期间美国工业生产下降了55.6%,国民生产总值从1044亿美元下降到410亿美元,失业人数在1929年5月是150万人,到1932年时达到1283万人。从1933年到1939年,罗斯福总统通过实行新政,为对付和缓和经济危机采取了一系列行政和法律措施,这就是美国历史上著名的"罗斯福新政"。

在新政的初级阶段,美国的大企业主们都暂时被迫接受罗斯福的方案。然而,当危机有所缓和后,他们就开始反击罗斯福了。1934年8月,大企业支持的右翼组织"美国自由同盟"在迈阿密开会,反对罗斯福新政,目标集中在反对劳工立法、税收立法和社会保险立法上。"美国自由同盟"的后台是杜邦家族、通用汽车公司、太阳石油集团以及华尔街的律师们。报纸上也连篇咒骂罗斯福是向富人敲竹杠,说罗斯福天天都吃"烤百万富翁"。总之,他们完全忘记了自己在大危机面前是怎样束手无策、惊惶失措的。

罗斯福对于这种忘恩负义感到吃惊,更感到气愤,因为"新政"的最大受益者正是这些大企业主。为了反击这些大企业主，罗斯福在1936年的一次演说中作了生动的比喻："1933年夏天，一位戴着丝绸面礼帽的体面的老绅士不小心失足落入码头边的水中，他不会游泳。他的一位朋友，看到情况紧急，和衣跳入水中，把他救了起来，可是珍贵的礼帽被水冲走了。老绅士安然脱险后，他对朋友的救命之恩感激不尽。今天，三年过后，这位老绅士却大声责骂朋友，因为丢失了丝绸礼帽。"

罗斯福还愤然地说："这些人确实忘了他们的病情是多么严重。我是知道的，我有他们的发烧记录。我知道所有度日维艰的个人主义者双膝颤抖不已，他们心绪是多么不宁。这些病人成群结队来到华盛顿，那时在他们的眼中，华盛顿不是一个危险的官僚机构，而是一个急诊医院。所有高贵的病人们都要求两件事——要求迅速进行皮下注射来止痛，对疾病进行有效治疗。我们满足了他们的要求。现在大多数病人都有所恢复，他们中有些人身体已好到这种程度，能够把双拐对着医生扔过去了。"

被罗斯福讥讽的这些企业家，正是忘记感恩的典型，是人性弱点的突出体现。所以，要记住：被人需要胜过被人感激，与其让对方感激你，不如让他有求于你。

文品即人品

1840年,喀山大学,夏天来临的时候,学校大门外不远处有两个卖甜瓜的摊位。俗话说:"同行是冤家。"两位摊主为了招徕顾客,展开了明里暗里的竞争。他们一个挂出"不甜不熟包换"的招牌,另一个招牌上则写着"不好吃退钱"。当然,两人也都练就了巧舌如簧。每天,他们和顾客进行着不见硝烟的心理战争。个性精明的买主在两块招牌的文字上反复琢磨,比较着两位卖主的话语中谁的真实成分更多一些。交易的核心是利益,这是自古以来买卖双方都默认的事实。

然而,有一天,两位卖主遇见了一个与众不同的顾客。他来到摊位前,既不观察谁的甜瓜更新鲜,也不在招牌上瞅来瞅去,不待两位卖主出言兜售,那人先问一个卖主今天已经卖了多少斤。这位卖主一愣,不知对方意欲何为,便如实做了答复。那人又问了另外那位卖主,随后,他径直走向回答说卖得少一些的,在那个摊上买了些甜瓜。等他走远后,两位摊主才明白过来:原来,那人是想帮助弱者呀。他们不知道,那个人就是列夫·托尔斯泰。彼时他正在喀山大学求学,深受卢梭、孟德斯鸠启蒙主义思想的影响。

中年时期的托尔斯泰经常外出游历。有一次，他前往高加索，在路上遇到一个同路的小伙子，两个人结伴而行。到达城里已是晚上11点左右，旅馆都已关门，他们好不容易才找到一个正要关门打烊的小旅店。老板打着呵欠抱歉地说，挂了蚊帐的房间已经用完，让他们将就着在一个备用房间里睡一晚，说着递过来两条薄毯子。

第二天早上小伙子醒来时，发现同伴已经不在房间里了，他用的那条毯子叠得整整齐齐地放在床头。小伙子起身出去，在走廊上遇见了旅店老板，便问他看见那个中年人没有。老板告诉他："你的同伴在水房用盐水洗了身子之后先走了，他托我向你告辞。""用盐水洗身子？""是啊。我刚起床，你那同伴就过来问我讨盐。我问他做什么，他说身上被蚊子咬得异常厉害，身上奇痒难忍，他想用盐水止痒。我看他的身上，果然密密麻麻有几十个红红的小包。我很奇怪，因为身上盖了毯子，不至于全身上下到处都被蚊子叮咬。问他，他解释说因为担心你被蚊子叮咬，于是干脆就一夜露着身体，好让蚊子只去叮咬他自己。"想到中年人叠得整整齐齐的毯子，再看看自己浑身上下完好无损，小伙子深受感动，只是他并不清楚，那位喂了一夜蚊子的同伴就是托尔斯泰。

到了晚年，托尔斯泰的境遇变得非常糟糕。他不仅遭到当局和教会的迫害，还被革除教籍。为了排遣心中的烦闷，他常常带了随从进山打猎。一次，托尔斯泰去一座名叫贡陀峰的山中打猎。贡陀峰是那一带海拔最高的山峰，接近峰顶的地方有一道山口，路极窄，仅容立足，脚下就是无底深渊，而且短短10多米的山道就有3个急弯。托尔斯泰和随从们骑马将一只狍子追到了山口，狍子慌不择路，顺着崎岖狭窄的羊肠小道向山顶跑去。随从大喜，都说这下可是瓮中捉鳖。正在兴头上的托尔斯泰见到山口的危险，连忙叫随从们停下，他说，这里地势如此危险，要是同时有人上下，岂不会相撞酿成惨剧？这里非得设置一个警示牌不可，于是他吩咐一名随从策马返回50里外的营地，拿来一个木牌，托尔斯泰在上面写上"凡上山下山，到此不妨大声叫喊几声以相互提醒。"然后插在路边显眼处。做完这些之后，天色也暗了下来，不能再上山猎取狍子。眼看到手的猎物不得不放弃，随从们惋惜不已，唯独托尔斯泰喜滋滋地掉转马头，向山下走去。

　　文品即人品，托尔斯泰的作品大都闪射出璀璨的人文主义光芒，谁能说他的那种慈善心怀和仁爱风范不是其作品风格的本源呢？

"傻"一点何尝不好

她就读于名不见经传的艺校,在大学里学的是表演专业。毕业后,她带着自己的梦想,只身一人闯荡纽约。在这个陌生的城市里,她过着流浪的生活。

经过数月的奔波,她接到一家电影制片公司的面试通知。在面试的过程中,她依靠独特的表演天赋,征服了所有的在场评委。经过层层筛选,她和另外两名优秀的演员一起进入了复试。

她们被一名负责人领进办公室,见到了当时著名的剧作家皮特先生。他非常傲慢,坐在转椅上,头也不回地扔给每人一本剧本,不耐烦地说:"这是我新近创作的一个喜剧,倾注了我大量的心血。回家后,好好给我把这个剧本读完,然后把你们的感受写下来,一个星期后,交给我。这就是你们的复试。"

回家以后,她认真地阅读。读完之后,一头雾水,不知所云。她又仔细地读了一遍,但感觉还是一样。于是,她开始揣摩,名家的剧本可能就是这样,思想深刻、不拘一格,一般人是看不懂的。她不死心,硬着头皮再读一遍。这次,她近似崩溃,再也不用怀疑剧本有多么糟糕。于是,她耍了个小聪明,既然是皮特先生的作品，肯定是最好的，我既有求于他，何必不恭维他几句呢？她摊开信纸，在上面公正地写道："亲爱的皮特先生，感谢您给我们这样一部精彩的剧本欣赏。读后我非常激动，它是我见到的世界上最伟大的喜剧……"

当她写到这里时，笔突然停顿下来。妈妈不是常常教导，做人要诚实。连小孩都懂的道理，我为何要违背上帝的意愿呢？她改变了主意，又准备了一张信纸，写道："亲爱的皮特先生，剧本我看过多遍，对于你的大作，我实在不敢恭维，也不懂它说了些什么……"她仔细念了两遍，觉得还是没有说明白。于是，她再次提笔，重新再写，"亲爱的皮特先生，你这剧本很令人丧气。多年来，我头一次看到这样的剧本……"写完之后，她心里嘀咕，这是不是太过火了，我还要通过他那一关，但是自己干吗要对别人撒谎呢？她决定不再修改，将信纸装进信封。

一个星期后，她带着这封信忐忑不安地来到了皮特先生的办公室。当她敲门进去时，皮特正笑眯眯地读着另外两名演员的感受。一看情形，她就觉得自己没戏了，但她还是把那个信封交给了皮特。当皮特先生拆开信封时，眉头一皱，脸上立刻显露出生气的样子，她恨不得找个地洞钻进去。幸好，皮特当时没有发火，让她们回家等待消息。

三天过去，她收到通知，被正式聘用了。她就是美国红极一时的好莱坞影星——凯伦。

多年以后,当凯伦笑着问皮特为什么要选择她。皮特说了这样一席话:"你确实是一名最"傻"的演员,但是正是因为你的"傻",才敢说真话。一名演员具备了这样的素质,她才能更好地跟剧作家交流,这样才能创造出好的剧本。我看重的就是你的傻!"

"聪明"或许是一时的得失,"傻"到真诚,却是人类一种永恒的价值。一个人最重要的不是在于"绝顶聪明",而在于拥有合乎自然的纯真。有时候,"傻"一点何尝不好呢?

做一个
最满意的员工

尽管我不想对任何人带有偏见，但是雇佣史蒂芬仍让我忧心忡忡。他的介绍人再三向我保证，史蒂芬一定会做一名可靠的、信誉良好的餐馆伙计。可是我从来没有雇佣过有智力缺陷的员工，我敢肯定自己内心对他并不满意。我不敢想象顾客会如何看待他。他又矮又胖，表情呆板——他患有唐氏综合征，连说话都有点口吃。我并不担心那些卡车司机，只要饭菜可口，他们才不在乎谁为他们服务呢。那些开四轮车的人才会让我提心吊胆：去上学的富家子弟；怕沾染病菌，用餐巾纸使劲擦银器的雅皮士；衣冠楚楚、喜欢和女服务员调情的白领们。这些人会满意史蒂芬的服务吗？所以史蒂芬工作的第一周，我谨慎地观察着他的一举一动。

事实证明我的担心是多余的。一周过去了，史蒂芬短粗的手指竟然征服了不少顾客。一个月后，那些卡车司机竟然点名要求他的服务。我不再担心别的顾客怎么看待他。在我的印象里，他是个21岁的男孩，穿着牛仔裤和耐克鞋，喜欢微笑，随叫随到，对自己的工作一丝不苟。他总是把盛放食盐和胡椒粉的小瓶子放置在恰当的位置，他服务的餐桌上没有一点面包屑和溅出的咖啡污点；他总是急不可待地环视着每一个即将吃完的顾客，一旦客人离开，他会立刻走上前去，把杯子和盘子放进手推车，麻利地用抹布擦拭着污渍；如果他感到别的顾客正在盯着他，他的眉毛会更加紧皱。没错！他对自己的工作充满自豪，你能体会到，他努力地取悦每一位顾客。

不久之后，我了解到他没有父亲，和因癌症致残的母亲住在一起。他们家经济紧张，也许我开的薪水才使他们的生活稍微有了改善。

八月的一个早上，餐馆里的气氛让人感到压抑，这是三年来史蒂芬唯一一次缺勤。他去了罗彻斯特的梅奥诊所接受心脏病手术。医生说，对于唐氏综合症患者，心脏病并不罕见。手术成功的希望很大，只需要疗养数月，他便可以重返工作岗位。那天早上，当好消息传来时，我的领班女服务员安妮竟然在楼道里翩翩起舞，每个人都感到激动、兴奋。我们的一个老顾客看到安妮的反应，向她做了一个"V"字形的胜利手势。安妮脸红了，她整了整围裙，做了个鬼脸。

我没时间找人代替史蒂芬，事实上我也不愿意解雇他，于是餐馆的女孩子分担了额外的任务。早晨的忙碌过后，弗兰来到我的办公室，她手里拿着餐巾纸，表情异常惊奇。

"怎么了？"我问道。

"我还没有打扫完卡车司机罗格刚刚离开的那张餐桌,皮特和托尼就坐下了,当我再一次回去清理时,却发现咖啡杯底下压着这些东西。"她把餐巾纸递给我,一张20美元的钞票滑落出来。

"我把史蒂芬的事情告诉了他们。"弗兰说,"皮特和托尼相互看了看,最后把这个给了我。"弗兰又递给我用餐巾纸包裹的50美元钞票。弗兰的眼睛湿润了,泪光闪闪,她不断摇着头。几个可爱的卡车司机,他们并不富裕……

不知不觉,三个月过去了。今天是感恩节,是史蒂芬来上班的日子。他的介绍人告诉我,他一直在病床上数着自己本应该工作的日子,甚至连节假日都计算在内。上周他打过来10次电话,他想让我们知道他要回来了,他害怕自己的工作被人顶替。我们相约在停车场会面,他的妈妈将陪伴他回来。史蒂芬变瘦了,脸色略显苍白,可是一来到店里,他的脸上马上写满兴奋,围裙和手推车像老朋友一样在那等候着他。

"开始吧,但是别太快啊。"我说,"不过先推迟一下工作,为了庆祝你的归来,我们为你和你妈妈准备了早餐。"

我把他们领进一个大房间,其余的员工在后面跟随着。通过眼角的余光,我看到吃饭的卡车司机们也加入行列。我在一张大桌子前停了下来,桌子上摆满了咖啡杯、碟子和餐盘,这些器皿下面都压着折叠的餐巾纸。

"史蒂芬，你要做的第一件事就是清理这张桌子。"我尽量用严肃的语气命令道。史蒂芬看看我，又瞅瞅妈妈，然后他拉出一张折叠的餐巾纸，上面写着"送给你"，突然20美元掉了出来，然后他又拆开了其他的餐纸……

"桌子上有1万美元的现金和支票，这是运输公司的卡车司机们的一片爱心。感恩节快乐！"我宣布道。

当时的场面热闹、嘈杂，每个人都兴奋地喊着，叫着。正当大家忙着握手和拥抱时，史蒂芬去干什么了？原来他带着甜甜的微笑，又忙着清理顾客的餐桌去了。

可以说，他是我至今最满意的员工。

父亲生前欠条

去年春节前几天,我收到一张10元汇款单。汇款寄自湖南江华县码市镇大柳村,汇款人是张振武。大柳村我当然熟悉,文化大革命期间,我下放插队落户在那里住了两年多。张振武这个人我不但记得,而且印象深刻。当年我确曾偷偷送过他10元钱,问题是那是个秘密,我知他知,别人不知,而且我离开大柳不久就听说张振武病死了。如今事隔30多年,是谁代替他还这笔"无头"账呢?

我想,后面肯定会有说明原委的信,我等待来信。

张振武当时是大柳大队的民兵营长兼治保主任,专管下放干部、下放知青和"四类分子"。张振武身材瘦削,面孔冷峻,沉默寡言。我在大柳两年,他总共只对我说过几句话,话也是硬邦邦几个字。张振武是个荣誉军人,据说抗美援朝负过重伤,立过功。因此,公社武装部信任他,特许他私人保管使用一支"三八"式步枪。最初张振武就是背着这支步枪,把我从公社"押"回大柳村的。记得走在路上,他突然问我:"你当过兵?"他怎么知道我当过兵?为什么问这个?我装作没听见,没回答。

到大柳不久,一天下着大雨,公社要召开三级干部大会,通知张振武领我去公社写大标语。路上隔条河,靠一道简陋的浮桥连起两岸。等我写完标语,山洪下来,河上的浮桥冲脱了。我和张振武返回时,只得搭渡船,船资每位5分钱。我先上船,掏一角钱交给摆渡人。张振武在后面大声说:"不要给我那份钱!"他卸下肩上的步枪,脱下上衣,居然一股脑儿塞到我怀里,自己"扑通"跳进河里,硬是泅水过河。

张振武对我们这些"分子"管理是严格的。每天督促我们按时出工,外出要向他请假。但他从不骂人,很尊重我们的人格。

张振武一家九口,生活相当困难,年年铁定当超支户。张振武唯有靠他手里掌握的那支步枪,夜间出去打野猪。十天半月打得一头野猪,杀肉卖几个钱,买些高价杂粮,好歹填饱一家人的肚子。可是村里人害"红眼病",联名状告张振武搞资本主义,于是公社下令缴他的枪。张振武不分辩,把步枪拭擦干净,亲自送归公社武装部。结果野猪横行,不久便将队里的一山秋包谷毁掉了。一天,我和张振武在村外相遇,他站住,叹口气,忽然没头没脑地念一条毛主席语录:"严重的问题在于教育农民。"我愕然地望着他,不知该如何反应才好。

从此,张振武对我的态度平和多了,我和他似乎有了某种默契。他不再每天督促我出工,外出向他打个招呼就是。而且隔三差五,我家早上开门时,门口会有一把新鲜蔬菜或豆角,我明白这是谁送来的。我出工时则灌满一壶白糖开水,不经意地放到一处,收工时,水壶便空去一半,我明白糖水是谁喝掉的。

正是"双抢"农忙季节,张振武最小的儿子患了痢疾,送入公社卫生院。张振武铁青着脸,找大队会计预支点钱。会计说全大队只有5元2角现金了。张振武一句话不说,走到小河边蹲下,口衔空烟管,空瘪的烟荷包扔在一边。我去挑水,弯腰汲水时,将一张卷成细条的10元钞票塞入烟荷包。

冬天我离开大柳村到县里分配工作,张振武替我挑起一担最重的行李,送我去车站。临别前,他握住我的手,憋红着脸,低声说:"10元钱……我一定还你,我还不了就叫儿子还。"这是张振武对我说的最长的一句话。

后来,我果然收到张振武一个儿子的来信,信上说,父亲生前写下一张字条:借××10元,一定要还。字条塞在灶眼里,最近拆灶重砌才发现的。30多年过去了,我的工作岗位几经变动,又从湖南调到海南,真难为他打听清楚我现在的地址。

10元汇款单我没去邮局兑取,留下做个纪念。

坐轮椅的快乐女孩

随一个旅行团去郊外旅游。出发时，才发现旅客中竟有一位坐轮椅的女孩，由一位老者推着。听导游说，这是一对父女。

大家本来说说笑笑的，兴致很高，但轮椅女孩出现后，每个人都闭上了嘴，收起了笑容，一声声叹息此起彼伏。藏在每个人心底的同情与怜悯，仿佛一下子被眼前的弱者点燃了。旅行社的大巴来了，大家没有登车，而是纷纷避让到车门两旁，我们几个年轻人还主动上前去，要把那女孩搬到车上去，女孩的父亲见状，不停地说："不用麻烦大家的，真的不用……"但每个人都认为他是在客套，觉得帮这个忙是责无旁贷的。

于是七手八脚的，轮椅就悬了起来，大家喊着"一、二、三……"体味着助人的快感。没想到此时那女孩却急了，她大声说："你们把我放下，你们快把我放下。"这呼喊声中有些惊恐，还夹杂着愤怒。大家听得面面相觑，于是抬起的轮椅又落回了地上。

我惊讶地看着，女孩的父亲也没有做什么，他只是从后面用力接住轮椅。此时，女孩伸出双手，牢牢握住车门两边的栏杆，突然一用力，把整个身子从轮椅拖引到车门最低的一级阶梯上。她缓了一缓，接着双手再抓住更高的栏杆，又一用力，身子便伏到了第二级阶梯上，女孩的身体微胖，她用一双手的力量，来支撑整个身体的行动，看起来很费力，很艰难。车门口只有三级阶梯，普通人几步就迈上去了，这对于她来说，却不啻于一条坎坷的路，一座陡峭的山。只剩最后一级阶梯了，但此时的她好像已没了力气，我从远处，能看到她的双手隐约暴起一道道青筋，她的身体几次向上努力，却都失败了。她伏在最后一级阶梯上，大口喘着气。

每个人都看着她。我知道，此刻如果有人能去帮她一把，哪怕是轻轻地拉一下，她就能很轻松地登上去，坐到门口的座位上。但谁也没敢动一下，我注意到，有几个女游客，看着那女孩时，双手竟攥成了拳头，眼里还有泪光。终于，女孩又动了起来，这次，她将双手握在一处，身子微侧，猛然一挺，她成功了。车下有掌声响起来。女孩坐在座位上，看着所有的人，自信地笑了。

旅行结束很久了，我还想着那个女孩，想她时，我没有想到坚强、令人敬佩之类的词汇，更没有想到那个轮椅，她是同其他我见过的女孩一样的，生活得自信、快乐、有尊严。

那个真实的"我"

彼得小时候家里很穷,父母又在他刚上大学时相继去世,但是噩运并没有击倒他,反而让他坚强起来。彼得经过苦苦拼搏,好容易才供自己和弟弟加里上完了大学。大学毕业后彼得又凭着他的勇气和才华,在纽约开了一家广告代理公司,事业蒸蒸日上,他自己也成为当地的成功人士。

有一天,彼得来到弟弟加里所居住的城市波士顿,住进了一家旅馆。他没有料到,就在这一天,三个电话竟改变了他的生活和他的一些做人处世观念。

刚刚住下,他就急着给弟弟家拨了电话。电话是弟媳安妮接的,他以命令的口吻要求弟弟加里和安妮一定要来和他共进晚餐,他希望今晚就能见到他们。

"不,谢谢啦。"弟媳马上说,"加里今晚有商务洽谈,我也忙得很。如果他打电话回家,我会让他给你个准信的。"

他听出,她的话中有不屑的味道。他不在乎地耸耸肩,然后给一个大学的老朋友挂电话,请他共进晚餐。这位朋友的回答使他感到震惊:"加里和安妮恰好今晚请客做东,我们一起去,在那里会面。"

他感到非常困惑和尴尬,甚至有些生气。当他刚刚放下听筒,电话铃又响起来。

"哥哥吗?我是加里,你都好吗?非常抱歉,今晚我实在抽不开身,明天一起吃饭怎么样?"

他几乎不相信这是弟弟亲口说的话,只好咕噜着答应。

为什么他们要对他撒谎?彼得一夜难眠。第二天,他就急急开车来到弟弟家。

安妮一开门,他冲口就问:"昨晚你们为什么不请我?"

"彼得,我对此非常抱歉。加里本来要请你,但我告诫他,我们最好不要把好好的聚会给毁了——你准会把一切给毁了的。"

"你怎么能这么胡说?"彼得生气了。

"因为这是事实。彼得,你为什么就没想到我们迁居波士顿不为别的,就是为了要摆脱你呢?你是个成功人士,处处引人注目。只要你在身边,加里就感觉是在你的阴影之下。凡加里要说的每句话、要表达的每个意见、想说的每件事,你都要他符合你的意愿,甚至你对他的每个做法都要提出不同意见。昨晚的聚会,大学校长也出席了。我们希望加里能得到升迁,而你若在的话,总是将自己凌驾在加里之上。这就是我决定不邀请你的原因。"

这件事令彼得很苦恼,但他不明白为什么会这样。几天后,彼得来找他的朋友——心理医生爱德文。

"这件事一直让我不得安宁,我不知道该怎么做。"彼得说,"那个女人是我的死对头。我决不能让她离间我和加里,得想个解决的办法。"

爱德文医生看着彼得。"其实,问题出在你这儿,不过解决的办法我有,"他说,"只是怕你接受不了罢了。你的弟媳给你的忠告也许是最好的:要有自知之明。与其他人一样,你不是一个人,而是三个:你自以为你是什么样的人;在别人眼中你是什么样的人;最后,真实的你又是什么样的人。一般说来,那个真实的'我',没有人知道。你为什么不试试和他熟悉一下呢?你的生活将会因此而全盘改观的。"

爱德文医生建议他:面对自己,在开口或行动之前,先与自己的最初想法或冲动较较劲。

那天晚上,彼得与几个熟人一起去吃饭。其中一位开始说笑话,而这笑话彼得早就听过,所以他眼光飘移,显得漫不经心,他想到另一个更有噱头的趣闻。他心痒难熬,恨不得那人立刻闭嘴,好让自己开口。突然,他心中一凛,记起爱德文医生的告诫,而安妮的话又一次在他心中响起……

当大家都笑起来时,彼得冲口说:"妙极了,你说得真是太精彩了。"那位说笑话的人投给他感激的一瞥,表示领情。

这小小的经验正是彼得向自己挑战的起点。诸如此类的事,他又在自己身上发现不少。越是深入了解自己,他越感到不能容忍自己的缺点。

两周后,他告诉爱德文,他为自己的行为深感悔恨。"我现在打算再去波士顿一趟。这小包是我给侄儿捎去的生日礼物,我本打算给他买一架价值5000元的照相机,但我立刻意识到,这昂贵的礼物会把他父亲可能给他的普通礼物比下去的,这样不好。而这一包礼物却是金钱买不到的。"

安妮给他开门时眼中露出疑惑的表情,彼得脸上带着微笑。一会儿,他与侄儿坐在客厅的地板上,他的膝盖上搁着打开的礼物:那是一个黑本子,破旧的封面上看不见书名。"这是一本剪报簿。"彼得对孩子说,"我珍存它已经好多年了。我将有关你父亲的东西都贴进去:他在中学时曾获游泳冠军,我将报道剪下来贴进去,这是相片。这里还有一封信,是我世上第二要好的朋友写的。你看,这信上说,'你'也就是指我,才华横溢,可你弟弟加里却有着温柔的心肠——这是更可贵的。"

突然,孩子问:"那么,这世上,谁是你第一要好的朋友呢?"

"就是窗口前站着的这位太太,"彼得说,"好朋友敢跟你讲真话,而你母亲就是这么做的——当我最需要的时候,她给了我忠告,让我认识到了自己的缺点。我怎么感谢她都永远不够。"

接着,安妮还做了一件让彼得感怀一生的事——她用双臂搂着彼得的脖子,给了他一个姐妹式的亲吻。

加油，向日葵

五一假期里，二妮儿的老师给她们留了特别的"作业"——做一件有意义的好事。

什么算是有意义的好事呢？她现在可没心思想这些，因为她马上就要辍学了。

几天前，本来就贫寒的家里遭了灭顶之灾：父亲在工地上摔成了残疾。顶梁柱倒了，全家人都靠着母亲一个人捡破烂维持着生计。她想，她不能再给家里增添负担了，她要去找活儿干，替母亲分担一点苦累。

她想，过完这几天假期，就算彻底辍学了，而现在呢？最起码还不算吧。她这样安慰着自己，希望时光不要再往前赶，就此停住，那样她就可以永远做一个学生，保存一张向日葵般的笑脸。

既然我还是学生，那就该完成老师留的作业啊。她决定去做一件有意义的好事。

最后，她把目标锁定在一个孤寡老人身上。

那是个奇怪的老人，她不知道他有没有儿女，他的院子每天都是死气沉沉，不见他出来遛弯儿，也不见他和人来往，把自己与这个世界完全隔绝开了。她想去帮他打扫打扫卫生，说说话啥的，这也该算是有意义的吧，毕竟在帮一个老人寻找一点快乐。

她说明了来意，老人很是欢喜，老人说，你不用帮我干活，你只要在我的院子里玩耍就好，我就能感觉到快乐了。

对于老人来说，二妮儿就像一只欢快的麻雀，顿时让他的院子热闹起来。二妮儿也感到老人很是亲切，像极了过世的爷爷。渐渐地，他们成了无话不谈的"忘年交"。

她为老人带去了欢乐，每天陪他说话，捉迷藏。二妮儿还把自己辛苦攒下的10多元钱都用到了他的身上。她不清楚自己为什么会对这个陌生的老人感到亲切，冥冥之中，他们好像有种牵扯不断的关联。她只想给他带去一丝快乐。但老人似乎并不缺钱，他总要给二妮儿一些零花钱，但二妮儿一次也没有要。

每天，看着二妮儿在他的院子里晃动的身影，就是老人最快乐的时光。

她心底的心事只能和老人说，她和他讲学校里各种各样有趣的事情，和他讲自己就要辍学了，说这些的时候，二妮儿的心底泛起一阵酸楚，眼底明显地泛着泪光。

老人安慰她说，别难过，一切都会过去的，你一定要坚强乐观地把眼前的困苦挺过去。

老人给了她一把向日葵的种子，对她说，去吧，把这些种子种到那个墙角去,等秋天的时候,我们就有瓜子嗑了。

她在院子里忙活开来,从种下向日葵那一刻起,她的心便被某种神秘的东西拴住了,她甚至开始盼望,向日葵早日绽开笑脸。

什么时候能看到它们的笑脸呢?她问老人。

现在就开了,老人开玩笑说,你就是我的向日葵。

她灿烂地笑着,忘了明天是上学的日子,也是她永远离开学校的日子。

时光不会停止,哪怕你拿生命去贿赂,它也不会停下一秒。但奇迹会发生,它让无常的人世变得多么奇妙而美好!

就在二妮儿辍学三个月之后,她收到了一封寄自韩国的信:

亲爱的向日葵!

你好。当你读到这封信的时候,我已经在韩国了。儿子们来接我很多次,我都没有来,但这次我来了,因为是你使我改变了想法。你的快乐感染了我,使我本来要荒芜掉的生命重新焕发了活力,我想,哪怕只剩一天,我也要快乐地活着。现在,我和儿女们在一起,我不知道这辈子还能不能回去了。你替我照看下我的房子吧,向日葵成熟了,你别忘了去摘啊!另外我以你的名义存了一笔资金,用来资助你上学,直到你大学毕业。

最后,祝你永远快乐!

一个因为你而感到幸福的老人。

二妮儿的手微微地颤动着,她向老人的院子奔跑过去,院门没有上锁,她知道,那是老人给她留的门。

向日葵长高了,渐渐高过院墙,那一张张笑脸无比灿烂。她站在那些向日葵下,抬头仰望着那些光灿灿的笑脸,忘了自己,也有一张向日葵的笑脸,镀着阳光的金色。

她想给老人写封回信,可那些感谢的话,对于她和他来说,会显得多么蹩脚啊。忽然间她想到了,等向日葵成熟了,她要把葵花籽为老人寄去,除此,什么都不用说。她知道,老人会懂得,这几粒葵花籽所代表的全部语言。

二妮儿握紧拳头,为自己的想法激动不已!

加油啊!她和那几棵向日葵,在灿烂的阳光下,相互鼓励着。

06

爱心才是上帝

好的歌声
能滋润心灵

美国著名女歌星玛丽莲·安德森一生开过无数次的演唱会，但她认为自己最成功的演唱会却是为一名观众单独举行的。

有一次，玛丽莲·安德森到一个小城举办一场个人演唱会，喜欢她的观众把演唱大厅挤得满满的。看见观众如此热情，玛丽莲·安德森特别激动，演唱也更加卖力，不但声情并茂，而且十分投入，而她的投入更是换来观众如潮的掌声和疯狂的呐喊。

演唱会结束，主办方又应玛丽莲·安德森的要求举办了观众见面会。在见面会上，有的观众得到了这位令人心仪的歌星的亲笔签名，有人得到了她的拥吻，更多的观众近距离目睹了她的风采，和自己的偶像进行了面对面的交流，了却了夙愿。大家都兴高采烈，久久不肯散去。

就在这时，有几个年轻的女孩子很费力地挤到玛丽莲·安德森身边，请求大明星为一个没有到场的女孩子签个名。玛丽莲·安德森没有拒绝，但是她想知道这个女孩子为什么没有来听演唱。

这些在一家小旅馆里做服务工作的女孩子七嘴八舌地说：

"其实您是她最崇拜的偶像,她比我们更喜欢您的歌声。在这次演唱会举办前很久,她就计划着要来听您的演唱,她甚至天天计算着您到来的时间。可是,就在今天晚上,轮到她当班,她想找人代替自己工作,可是没有人愿意,因为大家都知道和您见面的机会是绝无仅有的。"听完她们的话,玛丽莲·安德森一边在笔记本上签字,一边记录下女孩子的名字——莎莉,并详细询问了小旅馆的位置。观众们完全散去后,玛丽莲·安德森的小车也迅速驶离现场。在路上,她突然要求司机把车驶向小旅馆。

车子到达旅馆门口后,玛丽莲·安德森下了车,她站在旅馆大门前,大声说:"我现在要为一个名叫莎莉的女孩子专门唱一首歌。"听说大明星竟然到这里来了,旅馆里所有的人都挤到了门口,当然,莎莉就在其中,而且她兴奋得快要昏厥了。

没有演出服装,没有灯光音响,没有舞台背景,玛丽莲·安德森却如同面对万千观众一样动情地演唱着,她的歌声依然激越高昂,她的神情依然专注投入。莎莉的眼泪开始在眼眶中打转……

唱完一曲后,玛丽莲·安德森钻入小车,缓缓地驶离了小旅馆和被众人围在中间的女孩莎莉,消失在夜色中。

在车里,司机奇怪地问玛丽莲·安德森,为什么要进行这样一次没有报酬的演唱。她清晰而平静地说:"喜欢我歌曲的人就是我的上帝。如果不为她演唱这首歌,我和她,都会遗憾终身。"

有的歌声只能愉悦耳朵,而有的歌声却能滋润心灵。

奇怪的要求

巴格达的哈里发阿尔马蒙有匹千里马，一个叫奥玛的商人路过巴格达，他看到阿尔马蒙的马，羡慕不已，提出用10个金币来换，但阿尔马蒙说就是有一百个金币，他也不换。奥玛恼羞成怒，决定用诡计把千里马骗到手。

奥玛打探到阿尔马蒙每天独自遛马的路线，就选了一个离城门最远人迹罕至的地方，乔装成病重的流浪汉，躺在路旁。果然，善良的阿尔马蒙看到人病倒路边，赶紧把他扶上千里马，打算带他进城治病。奥玛装作有气无力的样子指了指地上的包袱，阿尔马蒙把他的包袱拾起来，系在马背上。奥玛又指了指远处一根木棍，阿尔马蒙以为这是流浪汉的拐棍，忙转身去捡。奥玛趁机夺过缰绳，纵马逃走。

阿尔马蒙跟在马后面追了很久，终于跑不动了。奥玛知道诡计得逞，便想奚落奚落阿尔马蒙。他勒住马得意洋洋地对阿尔马蒙说：“你丢了千里马，连一个铜子儿也没得到，都是因为太慈悲了。你还有什么要说的。”

"马可以归你，但我有一个要求，"阿尔马蒙大声说，"别告诉人们你骗走千里马的方法。"

奥玛哈哈大笑说:"原来哈里发也怕别人嘲笑。"

"不,"阿尔马蒙喘着粗气回答,"我是担心人们听说这个骗局后,会怀疑昏倒在路边的人都是强盗。说不定哪一天,你我也会染疾,倒卧路边,那时,谁来帮助我们呢?"

听了这话,奥玛一声不响地掉转马头,奔向阿尔马蒙身边,含泪求他宽恕自己的罪过。阿尔马蒙不计前嫌,请奥玛回王宫,像贵宾一样招待他。两人结下深厚的友谊,奥玛后来成了伊拉克历史上最受爱戴的大法官之一。

凭爱心
得到的礼物

1990年，一位喜欢冒险的中国青年来到马来西亚。

来这儿之前，青年已经是身家过亿。他打听到，这儿发现了一个大型油气田，准备修一条高级公路。如果这个项目成功，则会带来公路两边的土地大幅度升值。当时，最大的问题是油气田仍在初步勘测阶段，加之公路建设投资巨大，许多开发商都在驻足观望。

经过仔细分析之后，青年做出了一生中最冒险的一个决定：利用所有资产担保向银行贷款，拿到公路两边土地的开发权。

四个多月过去了，油气田的立项依然没有结果。青年这边呢，则是如坐针毡——再过两个月，如果工程不上马，所有的家当就会被这一大片无法升值的土地深度套牢，自己的身份，会在一夜之间由一个亿万富翁变成穷光蛋。这时候，他手头的盘缠已经所剩无几，住所由五级星酒店搬到四星级，再到三星级，最后连旅馆也住不起了。为了省钱，他打算租用旅馆的一个小仓库，每天只吃最便宜的盒饭，再找机会偷偷溜到旅馆的大厅里看当天的晚报。

仓库的管理员是一位老华侨，看到他的处境，非常同情，不仅免了他租仓库的钱，每天还将自己订的一份晚报带给他看。这样的日子一晃过了44天，随着破产的日子一天天临近，青年的心也一天天走向绝望，渐渐地，连自杀的想法也有了。那天，青年意外地得知老华侨并不识字，这44份晚报是特意为他买的，顿时心里一热，仿佛看到一线温暖的光，将自己从死亡的边缘拉了回来。晚上，他认真地翻看着报纸，其中一条消息让他兴奋得差点没背过气去——油气田立项了！随后，在一周之内，青年所买的土地价格翻了一番，他的生活一下子由地狱又回到天堂。

暴富后的青年第一个想到的是老华侨，他准备了一只信封，里面是一套当地最高档别墅的钥匙。当他把信封交到老华侨手里的时候，老华侨摇摇头："我只是给你买了44天的报纸，为什么值得你送这样的大礼呢？"青年说："那44份晚报，是我一生中得到的最珍贵的帮助和关怀。就凭你的爱心，你有资格得到它。"老华侨依然摇摇头："谢谢你的好意，我已经习惯了现在的生活，不想去住那种地方。真正值得你报答的，也不是我，而是帮助你的这个社会呀。"青年一直记着老华侨的话，后来成为了中国最有名的企业家和慈善家之一。

这位青年，就是后来被誉为"情义商人"的李晓华，美国福布斯杂志曾连续五年评选他为中国最富有的企业家之一。人们关注最多的，是他在马来西亚辉煌的发迹史，只是很少有人知道，延续他后来生命里的情义和传奇经历，源于带着一个普通人爱心的44份晚报。

琴声的力量

1786年冬天的一个傍晚,在维也纳近郊一间小木屋里,一个盲眼的穷苦老人快要死了。他从不喜欢牧师和修道士,请求女儿到街上把碰到的第一个人请进屋子来,临死前要向他倾诉自己的心声。

这条街很是荒凉,而且天很冷,女儿好不容易等到一个哼着曲子走来的人,向他说明了父亲的请求。

"好吧,"那人冷静地说,"虽然我不是牧师,但是也一样。"

这个陌生人穿得很讲究,很快把凳子移近床边,坐下来,弯着腰,愉快地凝视着临终者的脸。

"你说吧。"他说,"我不是借上帝的权力,而是用我所从事的艺术的力量,使你在生命的最后几分钟获得轻松的感受。你有什么愿望?"

老人突然微笑起来,高声说:"我想再一次看到我的妻子,就像年轻时遇见她的样子;想看见太阳;想看见百花齐放的春天……但这是不可能的。先生,您不要为我的蠢话生气。"

那陌生人站起来,看到了角落里一把破旧的有了裂痕的翼琴，说："好吧。"

突然，急速的声音在小屋内散开，仿佛千百颗玉珠被抛到地板上。

"听吧，"陌生人说，"听吧，看吧！"

他弹起来了。这把破旧的翼琴第一次纵声歌唱，它的声音充满了整个小屋。

"我看见了，先生。"老人在床上欠起身来，"我看见和妻子相会的第一天，她因为慌乱打翻了一罐牛奶。"倾听着琴弦发出的河水的潺潺声，他喃喃而语。

"难道你没看见，"陌生人一边弹琴，一边流畅地说，"黑夜逐渐淡去，天空变成了蔚蓝，温暖的阳光从空中射下来，你家门前的树上不是已经开满了花吗？"

"这些我统统看见了。"老人喊着，贪婪地大口呼吸着，手在被子上摸索。他喘息着说："我像许多年前一样看到了这一切，但我不愿不知道你的名字就死去。"

"我叫伏尔冈格·阿梅捷·莫扎特。"陌生人回答。

一位音乐家，让一个瞎眼老人在临死前看到了阳光和春天，这归功于他深厚的艺术功底；而他能走进那破旧的木屋，对着穷苦人演奏，正体现了他善良的本性和伟大的品格。

爱心才是上帝

一个小男孩捏着1美元硬币，沿街一家一家商店地询问："请问您这儿有上帝卖吗？"店主要么说没有，要么嫌他在捣乱，不由分说就把他撵出了店门。

天快黑时，第二十九家商店的店主热情地接待了男孩。老板是个六十多岁的老头，满头银发，慈眉善目。他笑眯眯地问男孩："告诉我，孩子，你买上帝干吗？"男孩流着泪告诉老头，他叫邦迪，父母很早就去世了，是被叔叔帕特鲁普抚养大的。叔叔是个建筑工人，前不久从脚手架上摔了下来，至今昏迷不醒。医生说，只有上帝才能救他。邦迪想，上帝一定是种非常奇妙的东西，我把上帝买回来，让叔叔吃了，伤就会好。

老头眼圈也湿润了，问："你有多少钱？""1美元。""孩子，眼下上帝的价格正好是1美元。"老头接过硬币，从货架上拿了瓶"上帝之吻"牌饮料，"拿去吧，孩子，你叔叔喝了这瓶'上帝'，就没事了。"

邦迪喜出望外，将饮料抱在怀里，兴冲冲地回到了医院。一进病房，他就开心地叫嚷道："叔叔，我把上帝买回来了，你很快就会好起来！"

几天后，一个由世界顶尖医学专家组成的医疗小组来到医院，对帕特鲁普进行会诊。他们采用世界最先进的医疗技术，终于治好了帕特鲁普的伤。

帕特鲁普出院时，看到医疗费账单上那个天文数字，差点吓昏过去。可院方告诉他，有个老头已经帮他把钱全付了。那老头是个亿万富翁，从一家跨国公司董事长的位置退下来后，隐居在本市，开了家杂货店打发时光。那个医疗小组就是老头花重金聘来的。

帕特鲁普激动不已，他立即和邦迪去感谢老头，可老头已经把杂货店卖掉，出国旅游去了。

后来，帕特鲁普接到一封信，是那老头写来的，信中说：年轻人，您能有邦迪这个侄儿，实在是太幸运了。为了救您，他拿1美元到处购买上帝，是他挽救了您的生命，但您一定要永远记住，真正的上帝，是人们的爱心！

帮助比自己弱小的人

好几年前,马克先生在加拿大学习的时候遇到过两次募捐,那情景至今使他难以忘怀。

一天,马克先生在渥太华的街上被两个男孩子拦住去路。他们十来岁,穿得整整齐齐,每人头上戴着做工精巧、色彩鲜艳的纸帽,上面写着"为帮助患小儿麻痹的伙伴募捐"。其中一个,不由分说就坐在小凳上给马克先生擦起皮鞋来,另一个则彬彬有礼地发问:"先生,您是哪国人?喜欢渥太华吗?""先生,在你们国家里有没有小孩患小儿麻痹?谁给他们付医疗费?"一连串的问题,使马克先生放弃了戒备心理,他们像朋友一样聊起天来。擦完鞋,马克先生问该付多少钱,他们说:"给多少都行。""5分也行。"其中一个补充道。

当马克先生把加元放到他们胸前的布袋里时,他俩争着用稚嫩、优美的童音大声说:"谢谢您,非常感谢!我们希望有一天能去你们美丽的国家旅游。"一边说一边把一个红白两色的脚印形纸牌别在马克先生的衣服上,并告诉他:"其他孩子见到这个标志就知道您已经捐过了,不会再给您擦鞋了。"

随后，马克先生看见许多人胸前都佩戴着这个小小的脚印，到处都有孩子冲他说"谢谢"。马克先生觉得孩子们的笑容溶进了路旁盛开的鲜花中，他们的声音好像来自天堂。

几个月之后，也是在街上，一些十字路口或车站坐着几位老人。他们满头银发，身穿各种老式军装，上面布满了大大小小形形色色的徽章、奖章，每人手捧一大束鲜花，有水仙、石竹、玫瑰及叫不出名字的花。匆匆过往的行人纷纷止步，把钱投进这些老人身旁的白色木箱内，然后向他们微微鞠躬，从他们手中接过一朵花。马克先生看了一会儿，有人投一两元，有人投几百元，还有人掏出支票填好后投进木箱。那些老军人毫不注意人们捐多少钱，一直不停地向人们低声道谢。同行的朋友告诉他，这是为纪念第二次世界大战中参战的勇士，募捐救济残废军人和烈士遗孀，每年一次。认捐的人可谓踊跃，而且秩序井然，气氛庄严。

有些地方，人们还耐心地排着队。马克先生想，这是因为他们都知道：正是这些老人们的流血牺牲换来了包括他们信仰自由在内的许许多多。

有人说，帮助比自己弱小的人，会获得一种心理满足。可马克先生两次把那微不足道的一点钱捧给他们，感到的只是自己想对他们说声"谢谢"。

很有意思的一件事

我的一位朋友刚旅行归来。他带着他的儿子去旅行，目的是，从小开始就要让儿子了解所处世界的模样。他的儿子已是小学一年级的学生。他说：我那儿子很天真很幼稚。

他来我这儿，是告诉我在旅行中发生的一件事。他说：很有意思的一件事，给你提供个小说素材吧。

事情发生在返程的列车里。夏天，车厢里没有空调，只有电风扇。他儿子一上火车就兴奋起来，坐不住，不停地在过道里走。旅客都喜欢他儿子，又白又胖，眼睛又大又亮。

儿子来问他：爸，那个人怎么老躬着腰，下巴颏抵着茶几？

他顺着儿子指的方向，发现那个人的一只手和一只脚被铐在茶几腿上。他拉住儿子，说：那是个坏人。

儿子说：他为啥是坏人？

他说：肯定干了坏事，警察叔叔逮住了他。

儿子说：他干了啥坏事？

他说：杀人，偷东西。可别过去。

他拉儿子坐下来，还给儿子开了一瓶纯净水，他要儿子歇歇,还替儿子擦了汗。儿子眨巴着眼,时不时地瞅那个人。

喝了水,儿子又待不住了,竟然走过去,去摸警察的肩章。他叫儿子过来,儿子却跟两位警察对话了。儿子问:叔叔,你们怕坏人吗?

警察笑了,说:不怕,我们专抓坏人。

他走过去,硬拽着儿子回到座位,说:坏人很坏,你不要走近坏人。

儿子天真地说:那两个叔叔怎么跟坏人坐在一起?

他说:他们的任务是押解坏人。

儿子去取纯净水,他递上喝了一半的那瓶,可是,儿子拿了没有启盖的一瓶。趁他望着窗外,他的儿子又走过去了。

他听到儿子说:叔叔,他渴了,我给他喝纯净水。警察说:他不渴。

儿子很执拗,说:叔叔,他渴了。

他用带有命令的口气,叫儿子回来。

可是,儿子那样子,似乎一定要"塞"出那瓶纯净水。

警察问那个人喝不喝,不料,那个人竟然点了点头。儿子立即把瓶子递给那个人,递到他没铐住的右手里。

我来了兴趣,说:你那儿子脾气还真执拗,想送别人东西一定要送出。

他说,儿子主意大,小时候,骑自行车带他上街玩,他很拗，一定要去火车站看火车，我就顺着他。

他告诉我：儿子来劲了，给出一瓶，坐了一会，又坐不住了，拿走另一瓶，我也没在意，反正给出了一瓶了。

他的儿子又去那个人面前。警察问他的儿子是不是认识那个犯人——准确的说法，是犯罪嫌疑人。儿子说不认识。

他说：我那儿子可笑不可笑，又给那个人一瓶纯净水。

警察逗他的儿子，说：已经给了一瓶，行了。

儿子说：他还会渴，留给他渴了喝。

他强行要儿子坐在靠窗的座位，指责儿子，说：你知不知道，那个人是坏人，坏人对你可不留情呢。

他给儿子买了份西瓜，是泡沫塑料碗盛的西瓜片。他看着儿子吃了，儿子好奇地张望列车外边的田野。

我说：你知不知道你儿子为啥给那个人纯净水喝？

他说他问了儿子，儿子回答：我喝水的时候，那个人眼睛一直在盯着我，盯着我的瓶子。

我拍手，说：你儿子还挺细心，小孩的视角跟我们不一样。

他说：可那个人是犯人，是坏人，我的儿子建立不起这个概念，好人坏人都分不清楚。

我说：小孩的视角很单纯，你儿子的眼里，那个人是人，他还没开始把人分成好人坏人。

他说：所以，我担心。

小孩玩耍的时候，忘了累，等到累了，就用睡眠来抵抗，排除乏累。列车驶入一个车站，警察押着那个人下车，经过我朋友的座位——他的儿子已依偎着他熟睡了。

他说，那个罪犯突然停下来，看着他和儿子，他没想到的是，那个人深深地向他和儿子鞠了个躬。他看见了那个人眼角湿湿的亮着泪光。

当然，这一切他的儿子都不知道。当犯人下车的时候，儿子仍然安静地睡着。

快乐而温暖的圣诞节

1953年12月25日,因为尼卡路莎·丹路卡斯捐赠的50美分,103名贫穷的墨西哥人度过了一个快乐而温暖的圣诞节。

尼卡路莎,洛杉矶帕拉莎社区活动中心一名身份卑微的女清洁工。她不会说英语,每月的薪金只有90美元。一个夏日,社区活动中心的牧师尼古拉斯·达维拉用西班牙语告诉她,她将实现一个智者的寓言,并且许多好事会随之而来。然后牧师把50美分放到了她的手上。

"这不仅仅是50美分,"牧师说,"用得其所,它将会成倍增加。"

尼卡路莎看着放在她粗糙的手上的硬币,思考着这个寓言。几分钟后,她的脸上露出了笑容。

几天后,尼卡路莎来到教堂,交给牧师17.5美元。

"我想将这些钱捐给社区活动中心做活动经费。"她说,然后她向牧师解释了她是如何使用那50美分的。她买了奶酪和玉米粉薄烙饼,然后用这些材料做成辣椒肉馅玉米卷饼(一种墨西哥菜)卖给邻居。在得到邻居的好评后,她的信心大增,到今天为止她已经赚了35美元,她将其中的一半捐给社区,而另一半用来下班后做更多的辣椒肉馅玉米卷饼。

"这就是那个寓言的意思,是不是这样?"她问道,然后回去继续她的工作。

一周后,尼卡路莎把一个存折给牧师看,她通过卖辣椒肉馅玉米卷饼已经赚了100美元,但她挣这些钱并不是给自己花。她知道墨西哥有很多穷人,所以,她写信给她的弟弟,让他提供他们家乡纳之斯达林镇的33名孤儿的名字以及圣路易斯镇的33名孤儿的名字。她还写信给在墨西哥的另一个弟弟让他提供33名独身或者饥寒交迫的老人的名字。

圣诞节的早上,66名孤儿和33名老人同时收到了一个身份卑微的女清洁工送给他们的礼物,虽然只有小小的50美分,但他们感受到了从未有过的温暖。每个人都说,那是他们收到过的最好的圣诞礼物。那天,墨西哥监狱的四名囚犯也收到了尼卡路莎送给他们的礼物。

当尼卡路莎把他的计划告诉牧师时,牧师问:"为什么两个镇各是33名孤儿,为什么选择的老人的数量又是33名?"

"因为那是耶稣活在这个世上的年龄,"她说,"我想说的是:生日快乐,婴儿耶稣。"

公交站牌下
"妈妈"的故事

西湖往南,一路景区。有一个公交车站,叫九溪。

每天一早,这个公交站牌下,就会站满了人:赶着上班的,背着书包上学的,转车去景区看风景的。

一辆公交车来了,一辆公交车开走了。

早晨的阳光,淡淡地将树梢点亮。

不知道从哪一天开始,站牌下出现了一对母女。女孩手里捧着一本书,妈妈弯下腰,手指着书,一行行教女孩读。妈妈偶尔会抬起头,看看公交车来的方向。

春寒料峭,女孩的双手和小脸都冻得红红的。女孩的读书声清脆、响亮,细听听,还有一点点颤音。

候车的人纷纷侧目,好奇地注视着这对母女。连等车的时间都不放过,教孩子拼音识字呢。这个母亲,可真够操劳、真够费心的。

一辆开往郊区的公交车驶进站了,妈妈匆匆交代女孩几句就跑向公交车。妈妈跳上了车,女孩捧着书,看着车门关上,目送公交车开远,才捧着书走开。

每天早晨都是这样。

奇怪的是,有时候是妈妈先到公交车站,有时候却是女孩先到。

遇到天气不好,妈妈就会领着孩子到车站边的一家单位的门廊下,教孩子读书。

一天也没有间断过。

有一天,终于有位候车的乘客忍不住,走过去问妈妈:"你女儿学习真用功,几岁了?"

妈妈抬起头,摇了摇说:"她不是我女儿。"

"那你们是……"

"妈妈"说:"我也是等公交车的。她是附近一个环卫工的女儿,我见她没上学,经常一个人在车站附近孤单地游荡,我就想,能帮她一点儿是一点儿。所以,我就和她约定,每天我早一点来等车,教她十几分钟。"

原来是这样。

说完,"妈妈"走到一边,继续教孩子。那天,教的课文是《春天来了》:"春天像个害羞的小姑娘,遮遮掩掩,躲躲藏藏。我们仔细地找啊,找啊。小草从地下探出头来,那是春天的眉毛吧?早开的野花一朵两朵,那是春天的眼睛吧……"

那位乘客偷偷地用手机拍了几张照片,寄给了报社。

报社进行了跟踪报道。记者很快了解到,女孩叫花花。花花在老家已经读过一年级了，今年春节过后，在杭州做环卫工的父母，将花花从老家接了过来，却一直没联系上学校。花花每天孤单地跟着父母去扫马路，遇到了等公交车的"妈妈"，于是，便有了这个公交站牌下的约定。

花花和公交站牌下"妈妈"的故事，感动了杭州城的人。热心的人们四处奔波，为花花联系学校。很快，花花的学校落实了下来，花花也可以像别的孩子一样，每天背着书包，去宽敞明亮的教室读书了。

而那位公交车站的"妈妈"，记者根据其本人的意愿，没有透露太多她的信息。人们只知道，她是一位普通的职员，也是一位普通的母亲，她的孩子正在读中学。她给记者发了一条短信："不要把笔墨放在我这里，好心人很多，谁都会去做的。"

良知和爱

刚一下火车,就遭遇了一场浓雾,我跟着熙熙攘攘的人群走出了地道,来到了出站口的广告牌下,然后以"百度"的速度搜索着,令我十分失望的是,本来说好来接我的朋友皓连个影子也看不到。暗想,也许是因为浓雾太重,看不到广告牌下的我,再等等吧。然而,等了将近半个小时,仍是杳无音讯,我终于按捺不住,带着些许失落拨出了皓的号码,没想到令人更加恼火的是,打了两次,系统提示的都是"你所拨打的用户已关机"。

我蒙地一下,头都大了,这是我第一次来到这座城市,人生地不熟,况且天光逐渐暗淡下来,夜幕即将拉开,我这样一个陌生人,在这样一个陌生的城市转瞬间变得晕头转向。我的心突然间紧张起来,若是皓放我"鸽子",我可就惨了。我不禁埋怨起他的不讲信誉来,同时又后悔自己没问他要一个固定电话,这下倒好,今晚就只有流落街头了。

这时候,我想起了家人的告诫:出门在外,夜晚的车站是社会治安最乱的地方,最好别久留。我下意识地摸了摸自己的包,那里面装着我全部的旅费,若是给哪个贼人给掠了去,那可就亏大了。这时候,我看到车站旁边有一个投币式的电话亭,就一路小跑钻了进去,迅速关上了玻璃门。

皓的电话依然处于关机状态,我想到了在临城工作的另外一个朋友,连忙拨通了他的电话,他略带训斥地对我说:"你真是太天真了,竟然相信皓,他可是个出了名的'铁公鸡',若想从他身上拔根毛,门儿都没有,你竟然还要他去接你。他肯定是怕破费,不想招待你,故意关机的。"

反正距离此地也不远,临城的朋友要开车来接我,我应允了,然后躲在电话亭里静待朋友的到来。约摸20分钟,玻璃门外的广告牌下,模模糊糊地出现了一个熟悉的身影,他似乎在搜寻着自己要找的人。透过路灯下的浓雾,我看出了那人的架势,不是别人,正是皓。

我走出了电话亭,一边喊着皓的名字,一边不住地骂他没良心,让我苦等这么久。这时候,他满脸堆笑地向我说着"对不起",我走近他一看,发现他竟然整个人都在发抖,浑身衣服也都湿透了。

我慌忙问皓,出了什么事情,怎么弄成这个样子。他一脸歉意地告诉我:"我本来就快到了,但是,走到半路的湖边,遇到了一个游玩时失足跌入冰层的孩子,我想都没想就跳了下去,然后把孩子送到了医院抢救,直到孩子的父母赶到,我才脱身。这不,就耽误了……"皓边解释,牙齿在不停地打架。

那一刻，我瞬间明白了皓迟到的原因，慌忙调侃地对他说，你没来晚，是火车晚点了，我也是刚到不过五分钟，正打电话向家人报平安呢。听了我的话，皓一脸憨厚地笑了，那笑容是那样的男人气！

坐上开往皓家的车的时候，我给临城的朋友发了一个信息，把刚才发生的一切告诉了他。一分钟后，我收到了他的短信：直至今天我才发觉，在这个世界上，还有一种比朋友间的信誉更美丽的东西，那就是作为一个人的良知！失约让皓如此美丽……

那天，我在自己的日记本里写下了这样一句话：一切因约会"良知和爱"所造成的失约，都是美丽的，因此，我并不感到失落！

爱的种子

20年前的一个黄昏,一名大学生模样的男孩,久久地徘徊在一家刚开业的小型自助餐馆的门口。

待客人大部分都离开了之后,他才面带羞涩地走进店里来:"请给我一碗白饭,谢谢!"

年轻的老板夫妇,虽然对他只要饭不要菜的行为感到纳闷,但也没有多问,立刻盛满一碗白饭递给了他。

男孩不好意思地望着老板,犹豫着又说了一句:"我可以在饭上淋点菜汤吗?"

老板娘抢着说:"没关系,你尽管淋,不要钱。"

一碗白饭即将吃完时,男孩又叫了一碗。

"一碗不够是吗?这次我给你再多盛一点。"老板很热情地说道。

"不是的,我要放在饭盒里带回学校,明天中午吃。"

老板猜想,男孩家里的经济肯定相当拮据。于是,他的心中油然生出一种同情,悄悄在饭盒的底部先放入一大匙肉臊子,然后又加了一只卤蛋,最后才将白饭满满地覆盖上去。

当男孩吃完饭，拿起沉甸甸的饭盒时，不禁回头望了老板夫妻一眼。

"要加油喔！明天见。"老板向男孩挥手致意，话语中含有请男孩明天再来用餐的意思。

从此之后，除了假期，男孩几乎每天黄昏都会来到店里。每次都是在店里吃一碗白饭，然后再带一碗回去——当然，带走的那一碗白饭底下，每天都藏着不一样的秘密——这种情况一直持续到男孩毕业。

往后的20年里，这家小餐馆就再也不曾出现男孩的身影。

某一天，将近50岁的老板夫妇，接到了市政府拆除店面扩宽路面的通告文件。想到即将失业，而平日积蓄又都给了在国外攻读学位的儿子，即将陷入困境的老板夫妇，禁不住在店里抱头痛哭起来。

就在这个时候，一名身穿名牌西装的男人突然走进了小店："你们好，我是××公司的总经理助理，我是奉我们总经理之命前来找你们的，希望你们能在我们即将启用的大楼门面里开自助餐厅，一切设施均由我们公司出资筹备，你们只需带厨师负责饭菜的烹煮。至于盈利的部分，公司和你们四六分成。"

"你们的总经理为什么要对我们这样好？"老板夫妇一脸疑惑。

"我们总经理特别喜欢吃你们店里的卤蛋和肉臊子。对不起，我知道的就只有这么多。"

不久，那位每次用餐只吃一碗白饭的男孩再度现身了。经过20年的艰辛拼搏，他已经成功地创立了自己的事业——而这一切，都得益于自助餐馆老板夫妻当年的暗中帮助。

讲完往事，总经理对他们深深地鞠了一躬："20年来，我一直在想着该如何报答你们。"

爱心犹如一粒种子，让自助餐馆老板夫妇没有想到的是，他们不经意间播撒下的"爱的种子"，竟会生根发芽，让一名贫困大学生有了灿烂的人生；让他们更没有想到的是，他们的爱心在温暖了贫困大学生的同时，也温暖了他们自己。

聊天就能
解决的问题

那是一个令人昏昏欲睡的午后。列车嘎吱嘎吱地行驶在东京郊区。车站到了,车门打开。突然,宁静被一个男人打破。他块头很大,醉醺醺、脏兮兮的。他狂呼乱叫、不知所云地怒骂着。醉汉摇摇晃晃地走进车厢,尖叫着扑向一位怀抱婴儿的妇女。这一推使得母亲倒在了一对老夫妇腿上,所幸婴儿没有受伤。老夫妇吓坏了,他们跳起来向一旁逃走。我则站了起来。

那一幕发生在20多年前,那时我很年轻,有一副健壮的好身板。醉汉见我站起来便咆哮道:"啊哈,一个外国人,你需要上一节日本礼仪课。"他冲到我面前,就在他动手的一刹那,有人大喊一声:"嗨——"这一声真是震耳欲聋。我们回头俯视到一位矮小的日本老人:他大约70多岁,穿着整洁的和服坐在那里。他没有看我,却冲着那个醉汉眉开眼笑。"到这儿来,"那位老人以舒缓的方言说道,"到这儿来,和我聊聊天。"

醉汉挑衅地站到老绅士面前,吼声盖过了车轮的咔嚓声:"混蛋,凭什么和你聊天?"老人家仍旧微笑。"你喝的是什么酒啊?"他眼睛里闪烁着饶有兴趣的光芒。"我喝的是清酒。"

醉汉怒吼道,唾沫星子飞溅到老人身上。

"哦,太好了,"老人说道,"我也喜欢清酒。每天晚上,我和我妻子——哦,她今年76岁了——我们温上一小瓶清酒拿到花园里,坐在长凳上看日落,还要查看柿子树的长势。那棵树是我曾祖父种的,我们一直担心它能否从去年的冰灾中恢复过来。不过,它的情况比预想的好。"他抬头看着醉汉,眼里闪着光。

醉汉不耐烦地听着,脸色却渐渐地缓和下来,紧握的拳头慢慢松开。"我也喜欢柿子树。"他答道。"是吗,"老人笑着说,"那你肯定也有一位好妻子吧。""不,我的妻子死了。"醉汉开始啜泣,"我不应该没有家,不应该没有工作。我真为自己感到羞耻。"眼泪从他的脸颊上滚落。

这时,火车抵达了我要下的车站。当车门打开时,我听见老人悲怜地感叹道:"哎,那实在是很艰难的状况啊。在这里坐下来,和我说一说吧。"我扭头看了他们最后一眼:那位醉汉躺在坐椅上,他的头靠在老人的膝上,老人正温柔地摩挲着他那肮脏而粗糙的头发。列车开走了,我的心里却在感慨:本来想用拳头解决的问题,却被几句体贴的话轻易化解,其中的奥秘就在于一个"爱"字。

奉献才能换来爱

孟买理工学院的几名新生接受了导师的建议,准备开始一项新课题,为这所名校编撰校友志。凭着校友会提供的一份名单,课题小组负责人费罗兹和伙伴们顺利地找到了二十年来大部分学士奖学金获得者。这些在大学时期就拥有良好表现的人,此刻大都活跃在班加罗尔高新科技园区或者外资银行高级办公室之类的地方。

当然,还是有人例外的。尽管事先已经有了一定的心理准备,当费罗兹和同学们来到比哈尔邦一个普通村落时,还是不敢相信眼前的中年男子就是他们要找的维卡什。除了鼻梁上的塑料眼镜外,昔日化学工程专业高材生赤着双脚站在田地里,身上的粗麻衣服让他看起来同当地农民没有什么两样。

维卡什热情地邀请年轻的校友去自己创立的学校参观。费罗兹悄声劝阻了几位打算返程的同学,接受了邀请,因为他很好奇这位在新德里长大的富家子弟怎么会选择这种生活。前往山坡上校舍的路上,过路的每一个村民都停下步子向维卡什躬身行礼。看得出来,维卡什很受当地人尊敬。

指着简陋整洁的校舍，维卡什骄傲地向几个年轻人介绍自己和村民们半年多的劳动成果。明亮宽阔的教室里，一个年轻的女教师正带着大大小小的几十个孩子高声朗诵着泰戈尔的诗歌。望着孩子们桌上的手抄课本，刚刚从大都市出来的几名大学生都是鼻头一酸，差点掉下泪来。

在参观完维卡什帮助村民修建的梯田和节水渠后，一行人来到维卡什位于校舍后面的家中，维卡什的妻子拿出家中最丰盛的菜肴来招待远来的客人。不过，费罗兹和伙伴们并不太适应这里的膳食，毕竟马铃薯可不是什么美味。

一个和费罗兹有着同样想法的大学生犹豫了半天，问道："维卡什先生，你怎么受得了这里的生活？我们在校友会的档案室看到过您当年的成绩表，以你的才学更适合待在麻省理工的材料实验室里，而不是在偏远的巴拉巴尔山区小学担任校长。"

维卡什的妻子——也就是刚才带着孩子们朗诵诗歌的那位女教师，似乎因为这样的话题而感到紧张。"不要担心，亲爱的。"维卡什轻轻地拍了拍妻子的手，然后讲起了自己的故事。

十几年前，维卡什被一篇关于比哈尔邦贫困地区的报道所吸引，放弃了英国一所大学的奖学金，来到了这里。第一天晚上，他就后悔了自己的选择，连夜离开了村庄。他显然过于相信自己的方向感，直到被一群山狼围住，才意识到自己迷了路。

幸运的是，一路追着赶来的村民们救下了他。在得知其中有人在路上被毒蛇咬伤后,维卡什以为自己肯定会被狠狠地揍一顿。谁知,村民们并没有勉强他留下,只是恳求维卡什能够在临走之前教村里的孩子们学会写自己的名字,这样他们才不会像父辈一样被山外的那些人瞧不起。维卡什无法拒绝村民们质朴的要求,回到了村庄,然后就再也没有离开。

费罗兹不解地问:"同那些担任国会议员或者跨国公司高管的同学相比,你就不觉得自己的生活太寒酸了吗?"看起来一向很温和的维卡什勃然大怒,用力地将手里的咖喱饭丢到地上:"当知道你大部分的同胞都在以你所不认同的方式活着,而你却无所作为时,还有什么资格去指责他们的生活?"

费罗兹和同学们羞愧地低下了头,这些来自名牌高校的天之骄子的确从未考虑过这个问题,也许这就是他们无法理解维卡什的原因。家宴就在尴尬的气氛中草草结束,费罗兹也觉得实在没有继续待下去的必要。临行前,他希望维卡什能够送给自己一句话,这也是他们走访每位学长的惯例。

维卡什仔细想了想,然后用印地语在费罗兹的笔记本上写下了:"奉献是一切高贵灵魂的信仰。"

热心的志愿者

2002年冬，我们全家移民到加拿大的多伦多。

当天晚上，我们刚吃完晚饭，就听见"咚咚"的敲门声。打开门一看，是一个头发灰白的胖老太太。她自我介绍说她叫莱辛，是个法国移民，就住在我家楼下。

第二天晚饭后，莱辛太太又准时敲开了我家的门。她先把鲜花送给了我，随后像变魔术似的从背包里掏出两本书，一本是英文版的《多伦多办事指南》，说是送给我的丈夫；另一本是法语版的《小王子》，说是要送给我的儿子侃侃。站在一旁的侃侃礼貌地推辞道："莱辛太太，我不会法语，看不懂。谢谢！"莱辛太太极力劝说："宝贝，看不懂不要紧，我可以从现在开始教你学法语。"

这时候我和丈夫才明白，莱辛太太的真实目的是想教侃侃学法语。原来，退休以后，莱辛太太就成了一个语言学校的志愿者，免费帮助新来的移民学习法语。

按照我们的约定，每天晚饭之后，莱辛太太都准时来我家辅导侃侃学习法语。不久，侃侃就可以用法语问一些简单的问题了。

两个月后,侃侃上学了。一天中午,突然有人摁响了我家的门铃,我打开门,门口站着一位鹤发童颜的老翁。老者叫藤原昭男,住在我家对面的楼里。

藤原先生笑眯眯地说:"听说你家搬来不久,你的儿子在附近上学,我愿意每天帮助你接送孩子上下学,不知道意下如何?"莫非藤原先生是想做钟点工?藤原看出了我的心思,他慢条斯理地向我解释说,他义务接送孩子,不收费用。就这样,我们把接送侃侃的任务交给了藤原先生。

转眼圣诞节要到了。圣诞前夜,我们一家人正商量着要给两位老人买个什么样的圣诞礼物,没想到,藤原先生来了。他给侃侃背来了一株一米多高的圣诞树,上面还挂满了男孩子喜欢的小手枪、拼图等等。就在这时,莱辛太太也来了,她给侃侃带来的礼物是一顶她亲手用绒线编织的帽子。莱辛太太看到坐在沙发上的藤原先生,惊呼道:"藤原先生,你怎么在这里?"原来他们早就互相认识。莱辛太太责问藤原说:"侃侃是我先发现的,你为什么要把他抢走?"藤原也不示弱:"侃侃又不是你的,他是大家的。"

我们在一边听了半天,才搞明白了事情的真相。原来,莱辛太太和藤原先生都是语言学校的志愿者,一个教法语,一个教日语,他们都希望有更多的孩子学习他们各自的母语。但是近年来愿意学习外语的孩子越来越少，寻找到一个愿意学习外语的孩子简直就和发现新大陆一样珍贵。几年来，这两位热爱自己母语的老人常常为争夺同一个孩子发生摩擦，没想到在侃侃这里他们又短兵相接了。至此我才知道，藤原先生义务为我们接送孩子，是为了以便有一天侃侃愿意跟着他学习日语——他的母语。

那天的碰撞之后，两位老人开始各显神通，极力拉拢我们全家。

莱辛太太教得比过去更卖力了，她不仅改进了教学方法，而且在教授法语的同时，还辅导侃侃别的课程。而藤原先生呢，除了更加殷勤地接送侃侃，还开始见缝插针地在路上展开了简单的日语教学。看着两位老人极力讨好我们，我们全家心里都很不安，商量怎么对两位热心的老人做一个妥善的交代。

这时老公想出了一个两全其美的办法。他说侃侃可以同时学习法语和日语。莱辛太太和藤原先生只是说教侃侃学习语言，并没有强制他学多少，学到什么程度。侃侃可以两样都学，一周两次法语，两次日语，学多少是多少。

第二天，我把这一决定告诉了两位老人，两位老人都同意了。不过，莱辛太太不无担忧地说："据可靠情报，附近有一位西班牙语言志愿者也看中了你们家的侃侃。你可千万不要让侃侃再学习他们的语言啊！"我向她保证说不会。

这场风波后，我不解地问老公："为什么这些老人对做志愿者这么认真?"老公笑着说:"他们热爱自己的祖国,为祖国的语言感到骄傲,希望能有更多的人学他们的母语。"

听了这话,我对老公说:"我也要加入志愿者的队伍,加入这场争霸战,也要让那些高鼻梁的洋人知道中国的语言是多么的博大精深。"

当新的一年到来的时候,我也开始像猎犬一样寻找我的教学对象了。

请把这里
当做自己的家

我一直说不准房东塞尔玛的年岁到底有多大，但是从她最小的儿子都已三十出头来推论，我估计她最少也已经年过六旬。尽管她脖子上的皮肤已经皱得比老树皮还老，但她的双眼却是炯炯有神。我和塞尔玛是通过一个学姐认识的，当时我刚到法国，一下飞机，学姐就把我接到了塞尔玛家里。

当时塞尔玛正坐在旧式法兰绒沙发上晒太阳，看到我们便很亲切地过来帮着拿行李，微笑着对我说欢迎。然后带我上楼看房间，告诉我她几个儿女都不在身边，说要我把这里当成家。我感动得差点热泪盈眶。

可是一个星期后我就想搬走了，因为我实在无法忍受塞尔玛的独断和自私。她把家里的电话用一个大盒子锁起来，限制我每天洗澡不得超过五分钟，更有甚者，她还限制我炒菜，理由仅仅是因为她不喜欢油烟，我只能跟着她一起土豆土豆再土豆。而且可能因为寂寞，她居然在家里养了三只猫、两只狗，尽管我极力收拾，但还是满屋子的猫屎狗粪。

我气愤极了，但我还是没有搬出去。相比8欧元一斤的番茄和15欧元一斤的苹果，一个月的房租40法郎，打着灯笼也找不到这么好的事了。人在屋檐下，不得不低头，我每天都这样安慰自己。可是事态并没有像我期待的那样走向平和。每天晚上我打工到12点才能回来，她又多了一条禁令：不许我开灯。一天晚上当我一脚踏上一堆猫屎时，我发出了一声尖叫。接着，穿着睡裙的塞尔玛便从卧室里冲出来，大声指责我影响了她休息。

我委屈极了，翻来覆去都睡不着。可是第二天一大早，她就开始用她那个破破烂烂的录音机放迪斯科。

一个星期六，我向塞尔玛借了她小儿子那台旧电脑，却发现显卡有些问题，于是我特意请了一些学计算机的同胞来帮我修，可是塞尔玛一直站在门边，不肯出去。

晚上我跟塞尔玛说，我要打电话。她却突然对我说："他们有没有换走电脑里的硬件？"

我呆了，她竟然这样不相信我。所有的委屈一下子爆发了，我对着她大叫："塞尔玛，中国人绝对不会做这种事！"然后我在给妈妈的电话里号啕大哭，泪如雨下。塞尔玛一直看着我，然后递给我一块毛巾，我看都不看她。

她叫我，她跟我说对不起，她说她误会了，中国人很优秀。我看着她撅着嘴，像个做错事的小孩，便止住了哭，但我还是拒绝了她的拥抱。我说，请叫我乔安娜。因为我实在不忍心听她用我的母语把我的名字叫成"愚小猪"，然后我破涕为笑。

那个晚上，塞尔玛破天荒让我下了厨房。她尝了我煮的面之后，赞不绝口。她说以后准许我下厨房，可以开灯。她的笑让我如坐春风，以为今后的日子可以和平相处了。可是第二天，我在浴室里多呆了一会儿，她又来敲门。

我郁闷极了，一个人跑了出去。附近的圣坦尼斯拉广场天空蔚蓝，一切都保留着中世纪的风格。教堂里做弥撒时悠远的钟声，天空飞过的鸟群，都带给人无与伦比的宁静。

可就在我回家的时候，被飞驰而过的摩托车挂倒了。我的腿疼极了，我挣扎着爬起来，却惊慌失措，下意识地就拨通了塞尔玛的电话。有那么一瞬间，脑子里闪过一个念头——她也许不会理我。可是不一会儿，我就看到了塞尔玛急忙赶来的身影。

羞愧于自己的自私和小心眼儿，躺在病床上的我难受极了。虽然只是骨折，可是我没有办医疗保险，这在法国是要付一笔极其昂贵的医药费的。坐在旁边的学姐一直在安慰我，说医药费没关系，大家会想办法的。

我问她，塞尔玛呢？她摇摇头，笑着问我，你不是不喜欢她吗？

可是，关键时候还是她把我送到医院里的呀。出院手续是学姐给我办的。我正不知道该如何报答的时候，她却说要带我去广场见一个人。

春光明媚的圣坦尼斯拉广场，阳光正好，生命正好。我突然看见空旷的广场那一边，塞尔玛穿着鲜红色的衣服在跳舞。她的身后是那个破破烂烂的录音机，而她的面前，是一叠零钞和一张纸牌，纸牌上面赫然几个大字：帮帮我的中国女儿。

霎时，我的灵魂被击中了。学姐轻轻地告诉我，出院手续其实是塞尔玛帮我办的。她一直严厉地要求她身边的孩子，而正是由于她严厉的教育和在生活上的一丝不苟，她的三个孩子一个已是巴黎市的高级法官，另外两个都是议员，深受市民爱戴。

难怪她只要我那么低的房租，难怪她要我把这里当成自己的家，难怪她会在关键的时候为我筹钱，原来她一直是以法兰西的习惯来要求我，原来她真的是把我当成了自己的亲生女儿来对待！

塞尔玛，我朝她飞奔过去。我要和她来一个深深的拥抱。